皮革工艺 编织&缠边

日本 STUDIO TAC CREATIVE 编辑部 编　　　赵胤 丁男 译

中原农民出版社
·郑州·

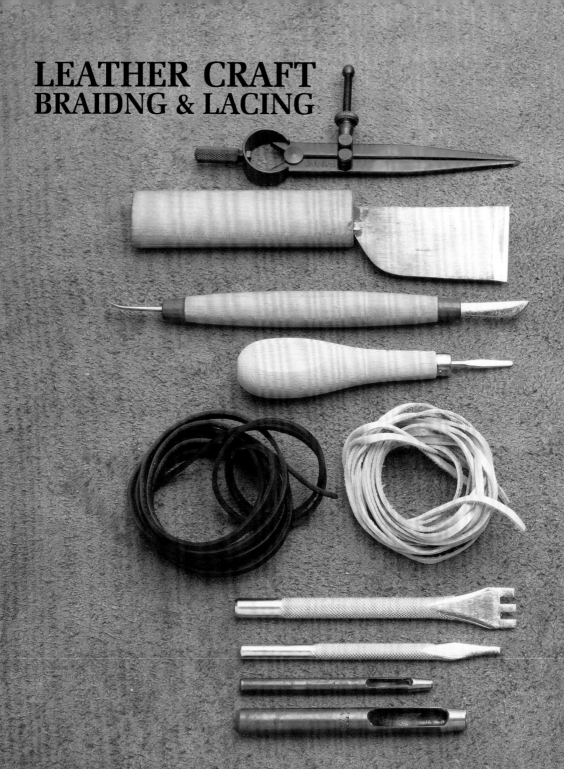

LEATHER CRAFT
BRAIDNG & LACING

目录
CONTENTS

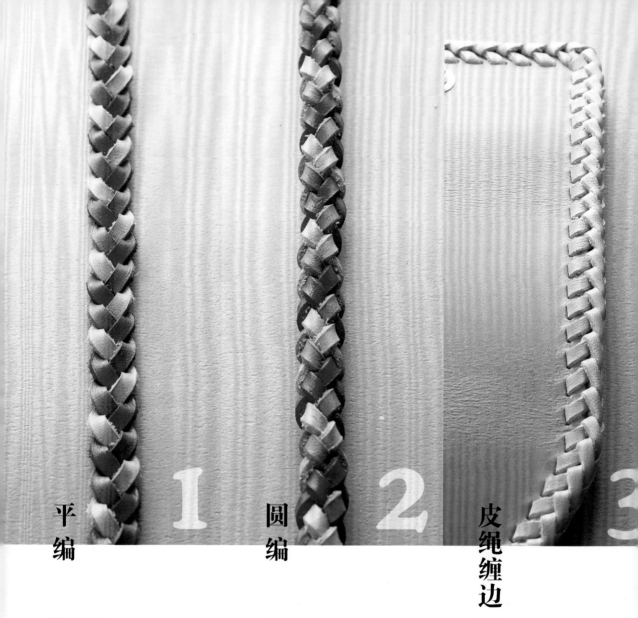

1

平编

THONG BRAID

P012

平编是最基本的皮革编织法，除三股平编外，书中还介绍了四股平编、五股平编、六股平编以及三股魔法编等技巧。掌握了这些基本的编法后，便可将其广泛地运用在作品中。

2

圆编

ROUND BRAID

P022

圆编是制作皮包背带等物件时最常用的技巧。除四股圆编外，书中还介绍了六股圆编、八股圆编。使用不同宽度的皮绳，可以编出不同粗细和氛围的编绳。

3

皮绳缠边

LACING

P044

皮绳缠边是享受皮革工艺乐趣的必备技巧。除单缠缝、双缠缝、三缠缝外，书中还介绍了方便用于衔接高低不同皮料的西班牙式缠边。

方形
结编绳
&螺
旋
纹编绳

SQUARE BRAID &
SPIRAL TWIST BRAID

P078

将两条皮绳以 N 字形交叉编织
在一起。适合用于制作钥匙链等
挂饰。

编绳拼贴花样

APPLIQUE

P088

在皮料上打孔后编绳以制作出
拼贴花样。可以利用不同的孔洞
距离、皮绳种类或颜色,营造出与
众不同的风格。

长形孔套编绳

SLIT BRAID

P098

在带状皮料上打出长形孔,将皮
料端部反复套穿成编绳的模样。
因套穿时的凹凸折差异,会呈现
出不同的效果。此处用于制作钥
匙扣。

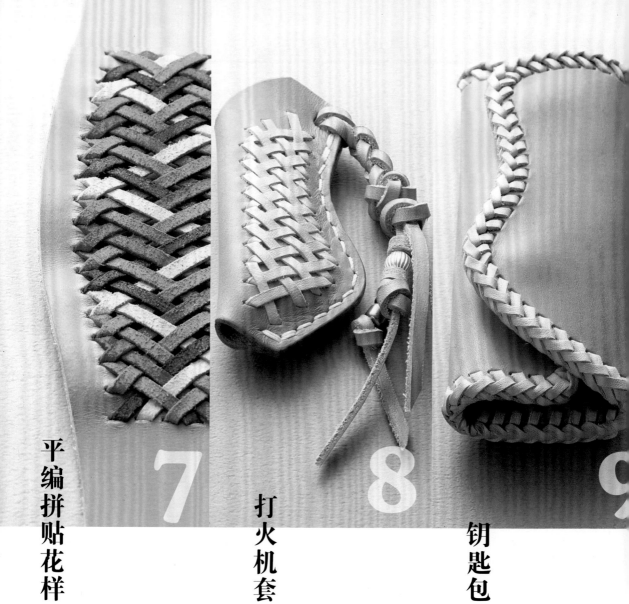

7

平编拼贴花样

APPLIQUE OF THONG BRAID

P104

以平斩打出等距离孔洞后，穿绳编出拼贴花样。和P88的编绳不同，此处以平编技巧编上3条和5条皮绳，控制厚度，编出拼贴花样，装饰效果绝佳。

8

打火机套

LIGHTER CASE

P114

运用本书介绍的编织技巧制作的第一件作品——打火机套。本体以平编拼贴技巧穿绳编上3条皮绳，再以四股圆编制作出吊绳。

9

钥匙包

KEY CASE

P124

第二件作品为三折钥匙包。造型简单，以2颗牛仔扣固定，运用三缠缝技巧营造出高级质感。

MATERIALS & TOOLS
材料与工具

本单元介绍皮革编织、缠边前必须准备的材料和工具。

皮绳的种类非常多,建议依个人喜好来选用。

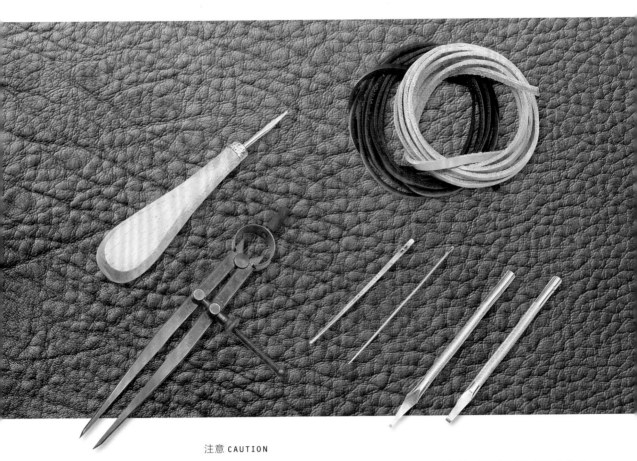

注意 CAUTION

■ 本书是以期望能帮助读者学习皮革编织知识、掌握编织技巧编辑而成的,只供参考,不能确保每个人都能制作成功。作业的成功与否需视个人的技术程度而定。

■ 制作时请务必小心,以免意外受伤或造成工具的损坏。对于制作过程中发生的任何意外,作者、编辑以及出版社恕难承担责任。

■ 本书中刊载的作品照片可能与实物有所出入。

■ 本书内刊载的作品和纸型均为原创设计,仅限个人使用。

MATERIALS & TOOLS

以下为皮革编织、缠边时会使用到的各种常见材料和工具。
实际制作时因作品的不同,有可能会使用到其他工具。

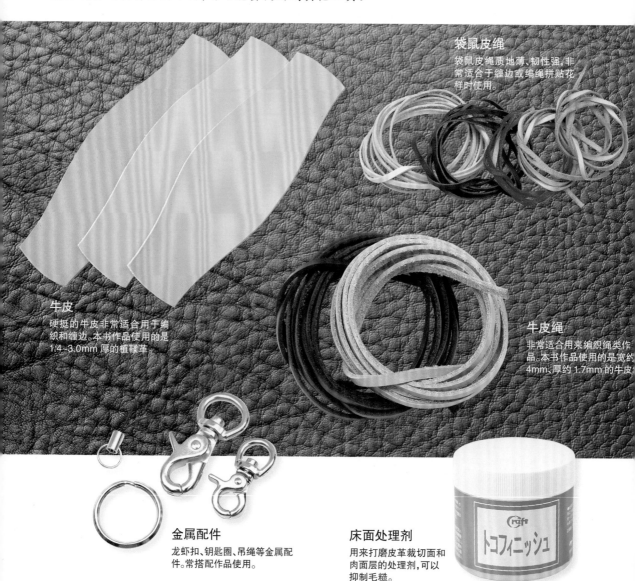

袋鼠皮绳
袋鼠皮绳质地薄、韧性强,非常适合于缠边或编绳拼贴花样时使用。

牛皮
硬挺的牛皮非常适合用于编织和缠边。本书作品使用的是1.4~3.0mm厚的植鞣革。

牛皮绳
非常适合用来编织绳类作品。本书作品使用的是宽约4mm、厚约1.7mm的牛皮。

金属配件
龙虾扣、钥匙圈、吊绳等金属配件。常搭配作品使用。

床面处理剂
用来打磨皮革裁切面和肉面层的处理剂,可以抑制毛糙。

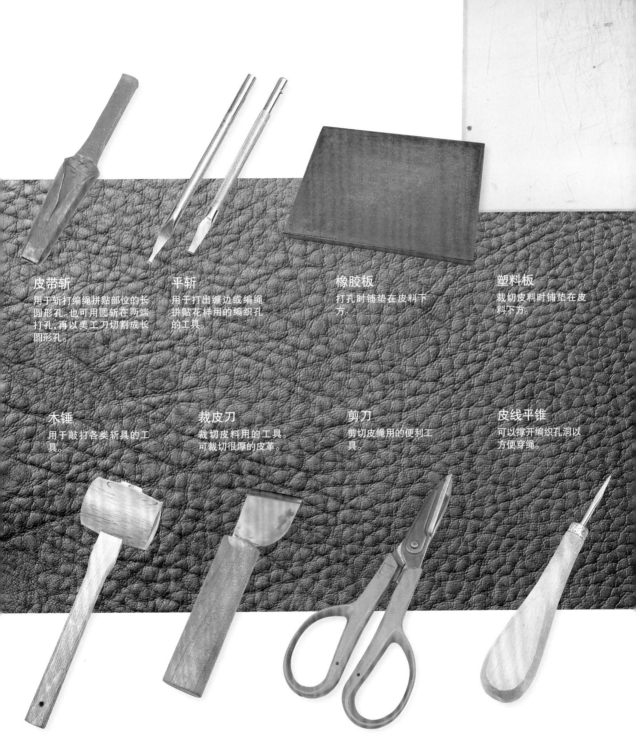

皮带斩
用于斩打编绳拼贴部位的长圆形孔，也可用圆斩在两端打孔，再以美工刀切割成长圆形孔。

平斩
用于打出缠边或编绳拼贴花样用的编织孔的工具。

橡胶板
打孔时铺垫在皮料下方。

塑料板
裁切皮料时铺垫在皮料下方。

木锤
用于敲打各类斩具的工具。

裁皮刀
裁切皮料用的工具。可裁切很厚的皮革。

剪刀
剪切皮绳用的便利工具。

皮线平锥
可以撑开编织孔洞以方便穿绳。

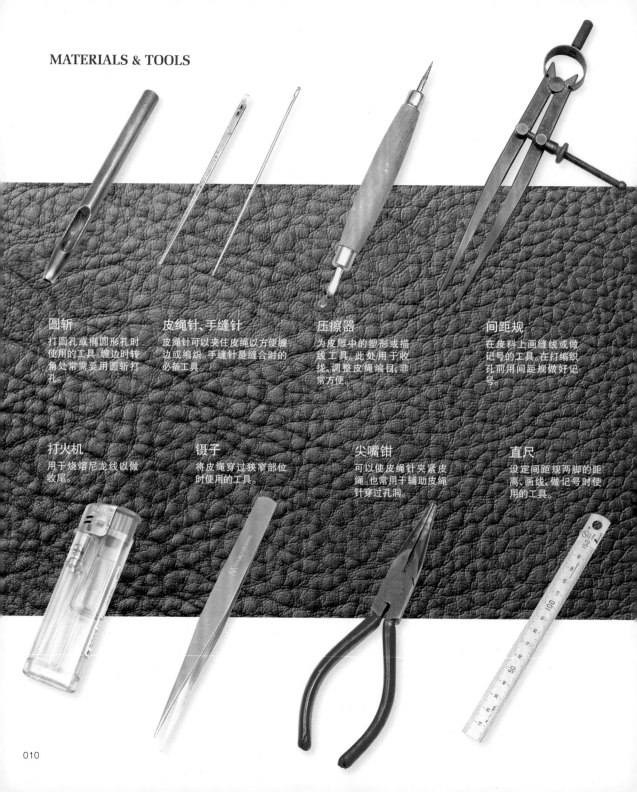

圆斩

打圆孔或椭圆形孔时使用的工具。缠边时转角处常需要用圆斩打孔。

皮绳针、手缝针

皮绳针可以夹住皮绳以方便缠边或编织。手缝针是缝合时的必备工具。

压擦器

为皮雕中的塑形或描线工具。此处用于收拢、调整皮绳编目，非常方便。

间距规

在皮料上画缝线或做记号的工具。在打编织孔前用间距规做好记号。

打火机

用于烧熔尼龙线以做收尾。

镊子

将皮绳穿过狭窄部位时使用的工具。

尖嘴钳

可以使皮绳针夹紧皮绳。也常用于辅助皮绳针穿过孔洞。

直尺

设定间距规两脚的距离、画线、做记号时使用的工具。

TECHNIC
实际技巧

本单元将依序介绍各种皮革编织或缠边的技巧。请大家发挥创意,灵活运用各种技巧,自由组合,制作属于自己风格的作品吧!

THONG BRAID
平编

平编是最简单、最基本的编织技法，分为五股平编、六股平编或魔法编等，可用于制作皮带和各种饰品等。

三股平编
THREE THONGS BRAID

三股平编是最常见的编织技法，也是平编中最简单、最基本的编织技法。
本节将通过项链的编织过程为大家详解三股平编的技法。

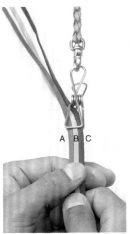

01 将皮绳A、皮绳B、皮绳C整齐排列后用夹子固定住。

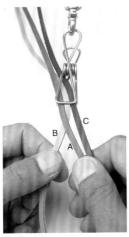

02 将皮绳B由皮绳A下方拉向左侧。

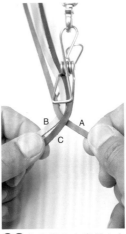

03 将皮绳C由皮绳A上方拉向左侧。

04 左右手拉紧皮绳，将编目拉得更紧密。

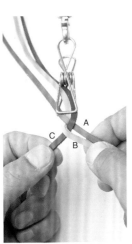

05 将皮绳B由皮绳C上方拉向右侧。

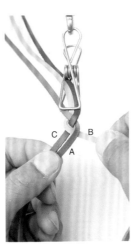

06 将皮绳A由皮绳B上方拉向左侧。

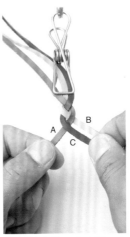

07 将皮绳C由皮绳A上方拉向右侧。

08 编织至上图的状态，将最右侧的皮绳拉到中间并拉紧。重复以上步骤，继续编织。

  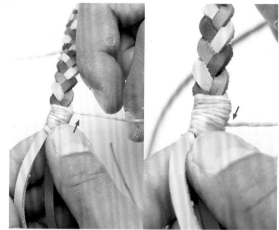

09 用缝线固定3条皮绳。将缝线的一端穿上手缝针。

10 用缝线的另一端缠绕固定结尾部分。

11 先由下往上缠,缠绕10~15mm后,再由上往下重叠缠绕。

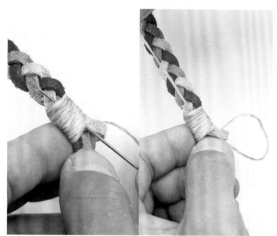 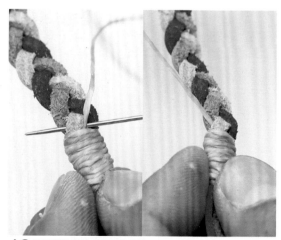

12 缠绕至下方后,在背面将手缝针从缝线和皮绳之间穿过,并拉紧缝线。

13 将手缝针穿过皮绳间的空隙。

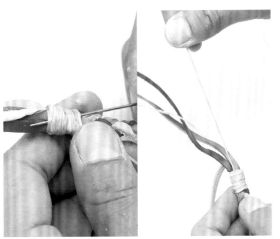

14 将手缝针由上往下从缝线和皮绳之间穿过。

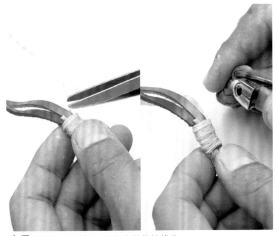

15 剪掉多余的缝线,用打火机烧熔线头。

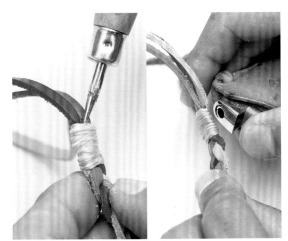

16 线头烧熔后,用压擦器尖头藏起线头。用打火机轻微地烘烤一下缠线的部位,好让缝线缠得更紧实。

17 此处我们制作的是项链,因此需要将另一端围成环状后固定住。将另一端的3条皮绳穿过编目后固定住。

18 用镊子夹住皮绳端部，将皮绳穿过编目之间。

19 配合皮绳方向，用镊子将皮绳穿过编目之间。两条穿相同方向，另一条穿相反方向。

20 将最后一条皮绳穿过编目，环状部位就成形了。

21 将穿过编目的3条皮绳从背面反折，用穿好手缝针的缝线固定住。将缝线和3条皮绳平行摆放并用手指捏住。

平编 THONG BRAID

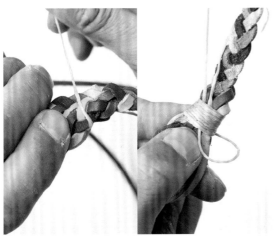

22 将缝线由下往上缠绕约 10mm 后,再由上往下缠绕至起点,将手缝针穿过皮绳和缝线之间。

23 将手缝针由上方穿过编目中心。

24 将手缝针由上往下穿过皮绳和缝线之间,剪断后用打火机烧熔以做收尾。

25 将皮绳端部裁切成适当长度,将无环状一端的 3 条皮绳穿过环状部位,编绳皮项链就完成了。

四股平编
FOUR THONGS BRAID

4 条皮绳一般会采用圆编的技法，但若运用平编的技法编织 4 条皮绳的手环等饰品，
想必更能有独一无二的感觉。

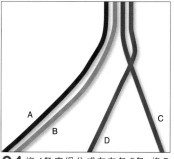

01 将 4 条皮绳分成左右各 2 条。将 D 由 C 上方交叉穿过。

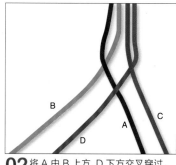

02 将 A 由 B 上方、D 下方交叉穿过。

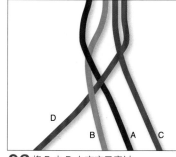

03 将 B 由 D 上方交叉穿过。

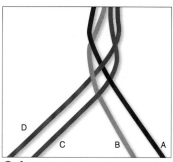

04 将 C 由 A 下方、B 上方交叉穿过。

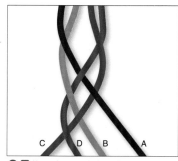

05 将 D 由 C 上方交叉穿过。

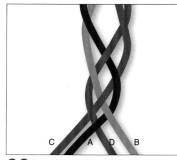

06 将 A 由 B 下方、D 上方交叉穿过。

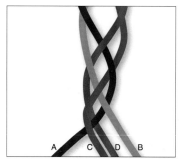

07 将 C 由 A 上方交叉穿过。

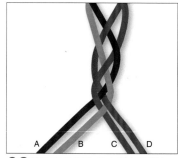

08 将 B 由 D 下方、C 上方交叉穿过。

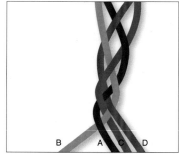

09 将 A 由 B 上方交叉穿过后，重复步骤 05～08 的作业，继续编织。

平编 THONG BRAID

五股平编

FIVE THONGS BRAID

本节介绍5条皮绳的五股平编技法。虽然比四股平编只多用了1条皮绳,
但编织出的作品的分量感和氛围大不相同。

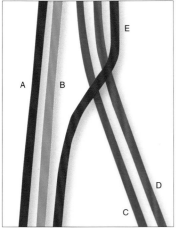

01 将5条皮绳并排排列,将E由C和D上方交叉穿过。

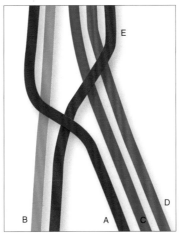

02 将A由B和E上方交叉穿过,形成左2条、右3条的状态。

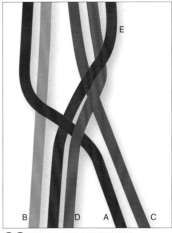

03 将D由A和C上方交叉穿过。

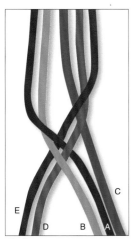

04 将B由E和D上方交叉穿过。

05 将C由A和B上方交叉穿过。

06 将数量多的一侧的最外侧的皮绳由同一侧的2条皮绳上方穿过,成为数量少的一侧的内侧。

07 重复步骤06,编织出适当的长度。

平编 THONG BRAID

六股平编
SIX THONGS BRAID

虽然6条皮绳让人看得眼花缭乱,但按照以下步骤编织,也会很简单。
改变皮绳的颜色和粗细,可以改变作品的氛围。

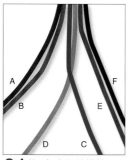

01 将6条皮绳并排排列,将C由D上方交叉穿过。

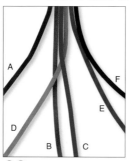

02 将B由D下方交叉穿过。

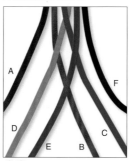

03 将E由C上方、B下方交叉穿过。

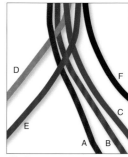

04 将A由D上方、E下方交叉穿过。

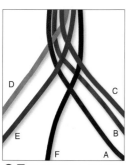

05 将F由C下方、B上方、A下方交叉穿过。

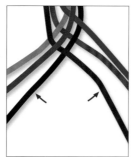

06 左右两边各有3条皮绳,往箭头方向拉,往上推压使编目更紧实。

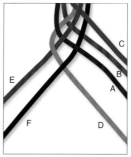

07 将最左边的D由E上方、F下方交叉穿过。

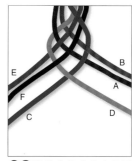

08 将最右边的C由B下方、A上方、D下方交叉穿过。

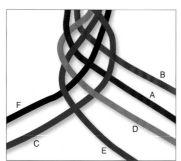

09 将最左边的E由F上方、C下方交叉穿过。

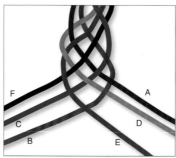

10 最右边的B由A下方、D上方、E下方交叉穿过。

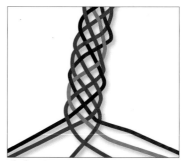

11 重复步骤09~10,左右交互编织,编出适当的长度。

平编 THONG BRAID

魔法编
TRICK BRAID

又名魔术编，是一种非常具有技巧性的编织技法。
皮料两端均为闭合状态的三股平编技法。主要用于制作皮带等作品。

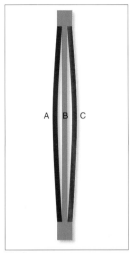

01 将皮料裁切成上图中的样子。上下两端均为闭合状态，不切断。

02 将C由B上方、A下方交叉穿过。接着以三股平编的技法继续编织。

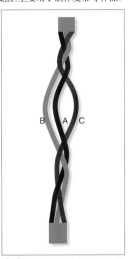

03 以三股平编编织3次后的状态。

04 保持上方的编目状态，撑开○部位。

05 将皮料下端翻转，由○部位从正面穿向背面。

06 步骤05完成后的状态。再次撑开○部位。

07 将皮料下端再由○部位从正面穿向背面。

08 步骤07完成后，皮料下端的皮面层恢复正面状态，A和B重叠在一起。

09 以上图重叠状态用三股平编技法编3次，再重复步骤04～08。

平编 THONG BRAID

ROUND BRAID OF FOUR THONGS
四股圆编

四股圆编为最基本的皮包编绳编织技法。

除编织绳子外,灵活运用四股圆编还可以编出各种各样的作品,请一定要记住。

四股圆编 1

ROUND BRAID OF FOUR THONGS 1

四股圆编是非常受欢迎的皮包编绳编织技法。
2条皮绳一开始的重叠方式不同,花样也会不同。可根据喜好选择 2条皮绳的颜色。

01 将2条皮绳以上图中的状态交叉套在龙虾扣上。

02 将左侧原色皮绳由左侧绿色皮绳下方拉向右侧。形成左1条、右3条的状态。

03 将最右侧的原色皮绳由右侧绿色皮绳上方拉向左侧。

04 将左右两侧2条皮绳同时拉紧,将编目拉得更紧实。

05 将左侧绿色皮绳由左侧原色皮绳上方拉向右侧。形成左1条、右3条的状态。

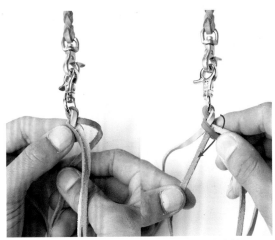

06 将最右侧的绿色皮绳由右侧原色皮绳下方拉向左侧。

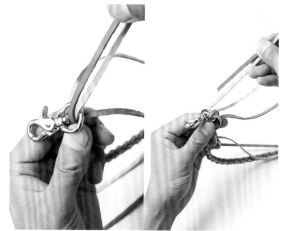

07 将左侧原色皮绳由左侧绿色皮绳下方拉向右侧。

08 将最右侧的原色皮绳由右侧绿色皮绳上方拉向左侧。重复步骤05~08。

09 编到适当的长度后，将两侧的绿色皮绳和原色皮绳交叉穿过一个新的龙虾扣。

10 将两侧皮绳交叉穿过龙虾扣后拉紧，并将4条皮绳拉向同一个方向。

11 将缝线对折后，和编绳平行摆放，并用手捏住。

12 将一条黑色皮绳与对折的缝线平行摆放。黑色皮绳端部保留约10cm长。

四股圆编 ROUND BRAID OF FOUR THONGS

13 由下往上缠绕黑色皮绳。

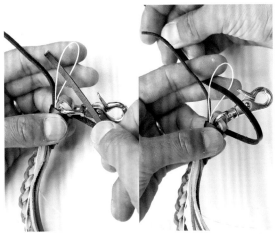

14 缠到龙虾扣钩环处后，将皮绳穿入对折缝线形成的线环中。只穿入皮绳端部，皮绳可形成环状即可。

15 在线环套着皮绳状态下将缝线往下拉。

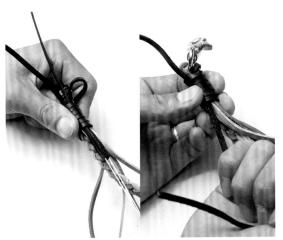

16 将缝线往下拉，使皮绳端部穿过编绳和皮绳之间到下方。拉紧皮绳两端，以勒紧缠绕好的皮绳。

17 剪掉多余的皮绳，皮包编绳便制作完成了。

四股圆编 ROUND BRAID OF FOUR THONGS

四股圆编 2

ROUND BRAID OF FOUR THONGS 2

另一种四股圆编的样式被称为螺旋纹。
编织技法与上一种大同小异,只是 2 条皮绳开始时的重叠方式不同。不同的配色可以呈现不同的魅力。

01 将 2 条皮绳以上图中的状态并排套在龙虾扣上。

02 分别交叉绿色皮绳、原色皮绳,并重叠在一起。形成左右手各拿 1 条绿色和 1 条原色皮绳的状态。

03 将左侧绿色皮绳由上方拉向右侧。

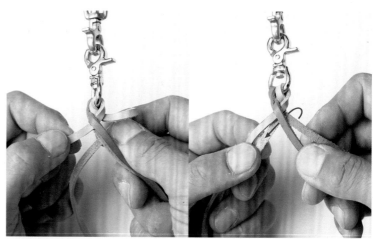

04 将右侧原色皮绳由下方拉向左侧。

05 将左侧原色皮绳由下方拉向右侧。

06 将右侧绿色皮绳由上方拉向左侧。

07 将左侧原色皮绳由上方拉向右侧。

08 将右侧绿色皮绳由下方拉向左侧。

09 重复步骤05~08，编织成自己喜欢的长度。

四股圆编 ROUND BRAID OF FOUR THONGS

ROUND BRAID OF SIX THONGS
六股圆编

如果想制作粗犷风格的编绳作品，推荐采用六股圆编的编织技法。
编织的重点是必须毫不犹豫地翻转正反面。

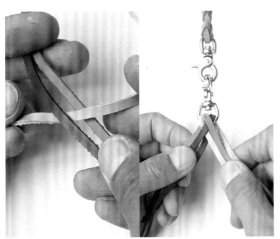

01 将1条皮绳夹在另外2条皮绳中间，以此状态对折后套在龙虾扣上。如上图，左右手各拉1条绿色皮绳，并各拉住同一色（原色、红色）的2条皮绳。

02 将右侧的原色皮绳由绿色皮绳上、原色皮绳下拉向左侧。形成左侧4条、右侧2条的状态。

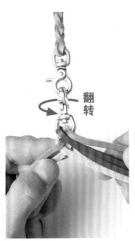

03 翻转步骤**02**的左右状态，变换为左侧2条、右侧4条的状态。

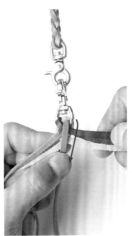

04 将右侧绿色皮绳由上方拉向左侧（往自己面前拉）。

05 将左侧绿色皮绳由上方拉向右侧。

06 翻转步骤**05**的左右状态，变换为左侧4条、右侧2条的状态。

六股圆编 ROUND BRAID OF SIX THONGS

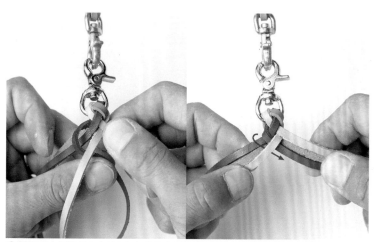

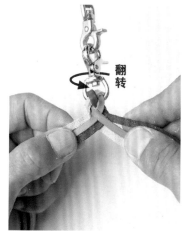

翻转

07 将最左侧的红色皮绳由红色皮绳上方、原色皮绳下方拉向右侧。

08 翻转步骤07的左右状态。

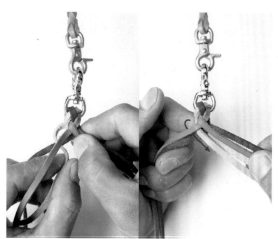

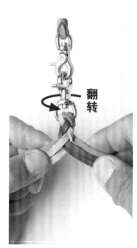

翻转

09 将左侧原色皮绳由绿色皮绳下、红色皮绳上方拉向右侧。

10 将右侧红色皮绳由绿色皮绳上、原色皮绳下方拉向左侧。

11 翻转步骤10的左右状态。

六股圆编 ROUND BRAID OF SIX THONGS

12 将右侧绿色皮绳由2条红色皮绳之间拉向左侧。

13 将最左侧的绿色皮绳由原色皮绳上方、绿色皮绳下方拉向右侧。恢复到步骤07的状态。

14 重复步骤08～13，编织出适当的长度。

翻转

15 翻转步骤14的左右状态。

16 将左侧原色皮绳由2条红色皮绳之间拉向右侧。

17 每种颜色各1种，将皮绳分为2组。准备安装龙虾扣。

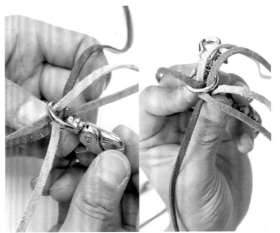

18 将其中一组的3条皮绳穿入龙虾扣中。

六股圆编 ROUND BRAID OF SIX THONGS

19 将穿过龙虾扣的3条皮绳拉向一侧，对折后用手捏住其中的2条。

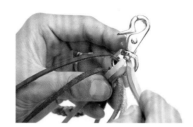

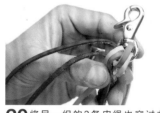

20 将另一组的3条皮绳也穿过龙虾扣。先穿入2条，再穿入1条。

21 使3种颜色的皮绳依序交叉穿过龙虾扣的扣环。

22 两组皮绳穿过龙虾扣后，左右手拉紧皮绳，以填满龙虾扣扣环和皮绳之间的空隙。处理成上图中的状态以提升完成度。

23 配合皮绳的方向，将皮绳都往下拉，将交叉部位处理美观。

六股圆编 ROUND BRAID OF SIX THONGS

24 将对折的缝线、一条黑色皮绳与编绳平行拿在手上，皮绳端部保留约10 cm长。

25 用黑色皮绳由下往上并排缠绕缝线和编绳。

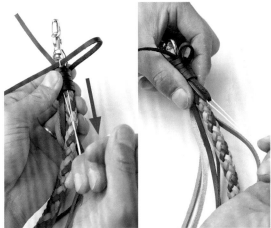

26 缠到龙虾扣扣环处后，将皮绳端部穿入对折缝线形成的线环中。将缝线往下拉，使皮绳端部穿过缠好的皮绳和编绳之间到下方。

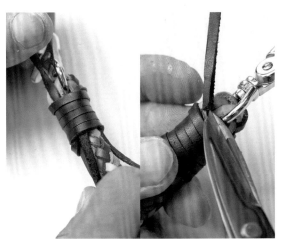

27 剪掉缠绕部位上下露出的皮绳头。

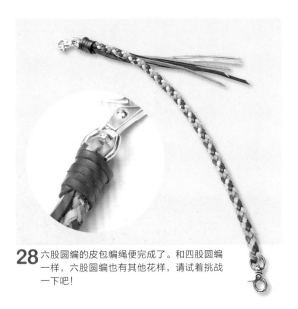

28 六股圆编的皮包编绳便完成了。和四股圆编一样，六股圆编也有其他花样，请试着挑战一下吧！

ROUND BRAID OF EIGHT THONGS
八股圆编

若想与众不同，编织出独一无二的作品，建议挑战八股圆编技法。

编法和六股圆编大同小异，编织过程中必须不断地翻转正反面。

01 如上图，把4条不同颜色的皮绳分成左右两组，套在龙虾扣上。

02 将右侧原色皮绳由上方拉向左侧。

03 翻转02的左右状态，变换为左3条、右5条的状态。

04 将右侧黑色皮绳由上方拉向左侧。

05 将左侧红色皮绳由上方拉向右侧。编成左3条、右5条的状态。

06 翻转步骤05的左右状态，变换为左5条、右3条的状态。

八股圆编 ROUND BRAID OF EIGHT THONGS

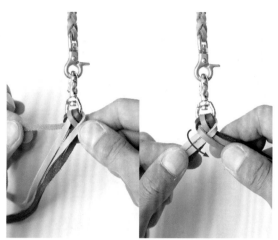

07 将左侧蓝色皮绳由上方拉向右侧。

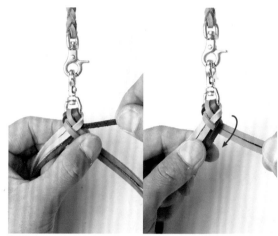

08 将右侧黑色皮绳由上方拉向左侧。编成左5条、右3条的状态。

翻转

09 翻转步骤08的左右状态，变换为左3条、右5条状态。

10 如上图，最上面的两条红色皮绳刚好并排重合，这样编目才能更漂亮。

11 将右侧原色皮绳由上方拉向左侧。

八股圆编 ROUND BRAID OF EIGHT THONGS

12 将左侧蓝色皮绳由上方拉向右侧。

13 翻转步骤**12**的左右状态，变换为左5条、右3条的状态。

14 完成步骤**13**后返回步骤**07**，继续编织，编出适当的长度。

15 每种颜色各1种，将皮绳分成2组。在两组皮绳间安装龙虾扣。

16 将其中一组皮绳穿过龙虾扣后，向左右交叉分开。

八股圆编 ROUND BRAID OF EIGHT THONGS

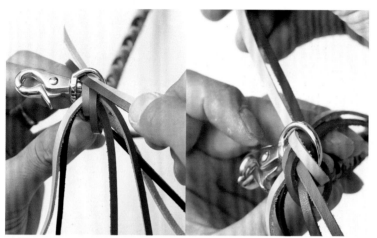

17 将另一组皮绳两条两条地交叉穿过龙虾扣，形成重叠状态。

18 用手拉紧左右两边的皮绳，以填满龙虾扣扣环和皮绳之间的空隙。

19 以上图中的编法编好一侧的4条皮绳。

20 以相同的方法编好另外一侧的4条皮绳。

八股圆编 ROUND BRAID OF EIGHT THONGS

21 将8条皮绳拉向同一方向，与对折的缝线并排用手捏住。

22 此处无须增加皮绳，从8条皮绳中随意拉出一条后缠绕固定。

23 缠绕至龙虾扣扣环处后，将皮绳端部穿入对折缝线形成的线环中。

24 将缝线往下拉，使皮绳端部穿过缠好的皮绳和编绳之间。

25 将8条皮绳裁切成适当的长度。八股圆编的皮包编绳就完成了。

八股圆编 ROUND BRAID OF EIGHT THONGS

作品实例 1
ITEM SAMPLE 1

此处主要介绍了GRAND ZERO工作室以圆编技法编织的作品。除制作皮包用编绳外，圆编编织技法的应用非常广泛。

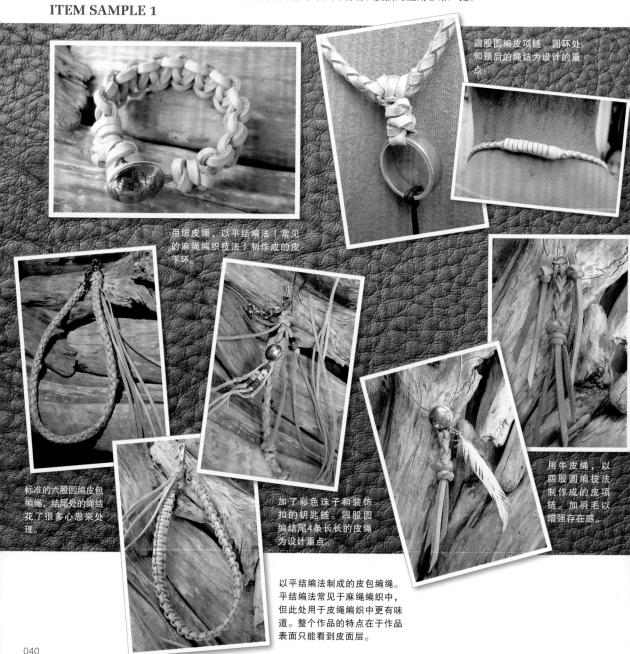

四股圆编皮项链。圆环处和颈后的绳结为设计的重点。

用细皮绳，以平结编法（常见的麻绳编织技法）制作成的皮手环。

标准的六股圆编皮包编绳，结尾处的绳结花了很多心思来处理。

加了彩色珠子和装饰扣的钥匙链。四股圆编结尾4条长长的皮绳为设计重点。

用牛皮绳，以四股圆编技法制作成的皮项链。加羽毛以增强存在感。

以平结编法制成的皮包编绳。平结编法常见于麻绳编织中，但此处用于皮绳编织中更有味道。整个作品的特点在于作品表面只能看到皮面层。

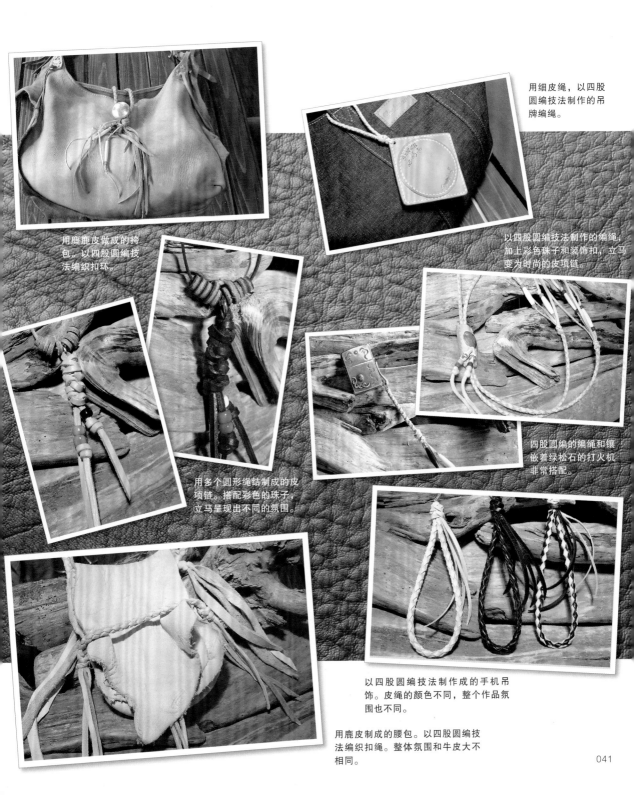

用细皮绳，以四股圆编技法制作的吊牌编绳。

用麋鹿皮做成的挎包，以四股圆编技法编织扣环。

以四股圆编技法制作的编绳，加上彩色珠子和装饰扣，立马变为时尚的皮项链。

用多个圆形绳结制成的皮项链。搭配彩色的珠子，立马呈现出不同的氛围。

四股圆编的编绳和镶嵌着绿松石的打火机非常搭配。

以四股圆编技法制作成的手机吊饰。皮绳的颜色不同，整个作品氛围也不同。

用鹿皮制成的腰包。以四股圆编技法编织扣绳。整体氛围和牛皮大不相同。

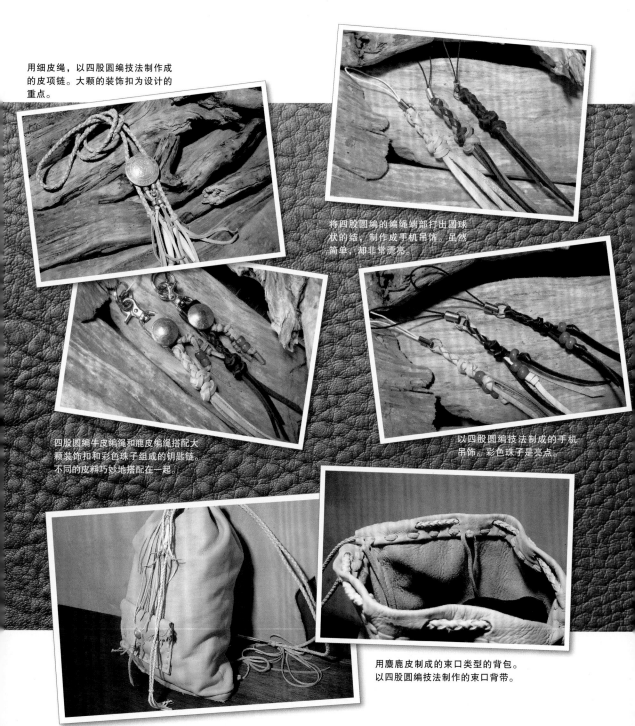

用细皮绳，以四股圆编技法制作成
的皮项链。大颗的装饰扣为设计的
重点。

将四股圆编的编绳端部打出圆球
状的结，制作成手机吊饰。虽然
简单，却非常漂亮。

四股圆编牛皮编绳和鹿皮编绳搭配大
颗装饰扣和彩色珠子组成的钥匙链。
不同的皮料巧妙地搭配在一起。

以四股圆编技法制成的手机
吊饰。彩色珠子是亮点。

用麋鹿皮制成的束口类型的背包。
以四股圆编技法制作的束口背带。

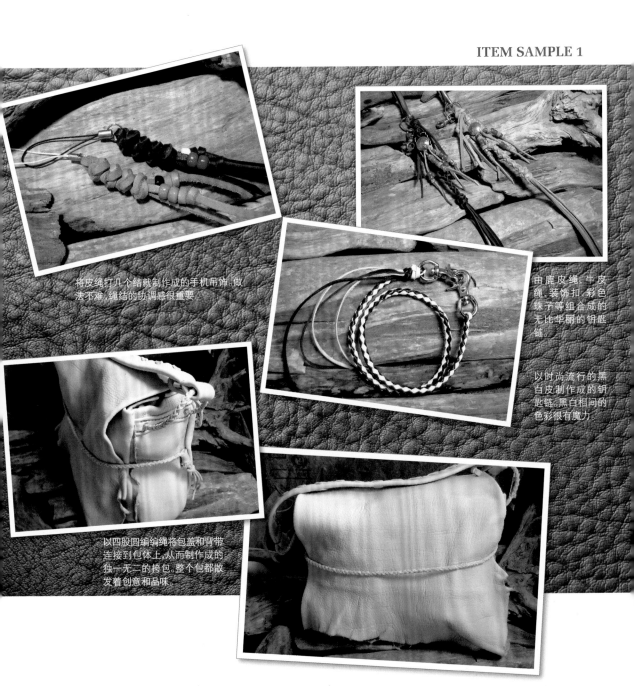

将皮绳打几个结就制作成的手机吊饰。做法不难,绳结的协调感很重要。

由鹿皮绳、牛皮绳、装饰扣、彩色珠子等组合成的无比华丽的钥匙链。

以时尚流行的黑白皮制作成的钥匙链,黑白相间的色彩很有魔力。

以四股圆编编绳将包盖和背带连接到包体上,从而制作成的独一无二的挎包。整个包都散发着创意和品味。

SINGLE LOOP LACING
单缠缝

此为由1条皮绳单重交叉缠绕的缠边方法。
缠边起点和终点的处理方式都非常简单。

准备作业

缠边前需要在皮料上打出编织孔。本作品转角处的孔需要穿过 3 次皮绳，
因此比其他部位的编织孔要宽一些。如果只需穿过 2 次皮绳，则不用打得太宽。

  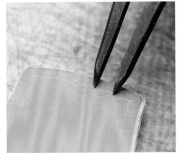

01 这里我们将通过 GRAND ZERO 工作室的手环作品，介绍单缠缝的方法。将间距规设定为 4mm 宽，沿着皮料边画出线迹，这里使用的是 3mm 厚的植鞣革。

02 将间距规设定为 5.5mm 宽，做编织孔的打孔记号，较窄的部位设定为 5mm 宽较为合适。

 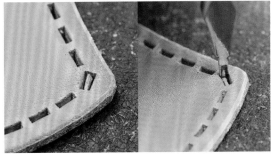

03 根据步骤 02 所做的记号，用 3mm 宽的平斩打出编织孔。转角处暂时不打孔，先打直线部位。

04 用 3mm 宽的平斩在转角处打出上下 2 个孔，再以 2mm 宽的平斩在孔洞左右两侧各斩打 1 次，处理成较宽的长形孔。如果只需穿过 2 次皮绳，那么和直线部位的孔洞大小一样就可以了。

 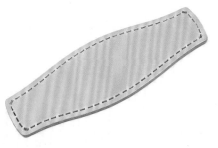 

05 编织孔全部打好后的样子。根据缠边类型和角度决定转角处的缠绕密度，转角角度较平缓时，缠绕两次即可。打好孔洞后打磨皮料边缘。

06 将袋鼠皮绳端部斜切出尖端。单缠缝需要准备缠绕距离 6 倍的皮绳。

单缠缝 SINGLE LOOP LACING

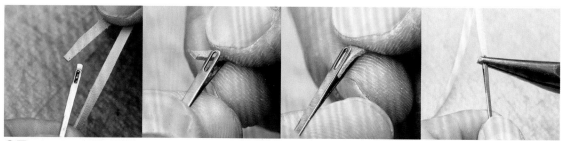

07 用皮绳针夹住步骤 06 中斜切过的皮绳端部。以卡榫部位钩住皮面层，以尖嘴钳等工具夹紧。皮绳只有一端夹着皮绳针。

缠边起点

皮绳针穿好皮绳后开始缠边。
由直线部位开始缠边，终点便可以处理得更漂亮。

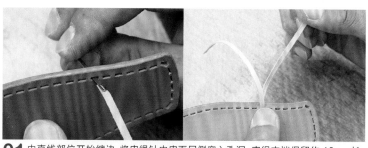

01 由直线部位开始缠边。将皮绳针由皮面层侧穿入孔洞，皮绳末端保留约 10cm 长。缠边时，保持皮面层朝上的状态，将皮绳针由皮面侧穿向肉面层侧。

02 将穿过的皮绳往步骤 01 保留的皮绳末端上绕一圈。

03 保持步骤 02 的状态，将皮绳针穿入下一个孔洞后拉紧皮绳。保留的皮绳末端被缠紧后的状态。

单缠缝 SINGLE LOOP LACING

04

将皮绳针穿过步骤 03 缠绕的皮绳下方。如左图，此缠边法因缠边过程中只单重交叉缠绕而被称为单缠缝。

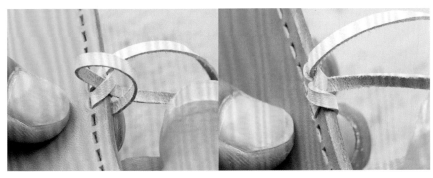

05

拉紧皮绳后形成左图中的状态。

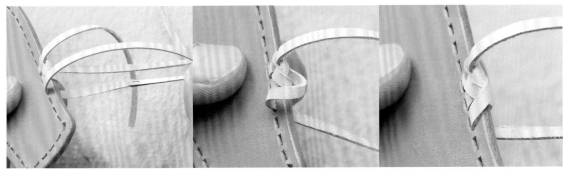

06 将皮绳针穿过下一个孔洞。拉紧缝线后又形成步骤 03 的状态。

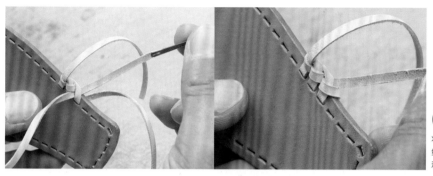

07

将皮绳针穿过步骤 06 缠绕的皮绳下方。继续缠绕，重复步骤 06 和 07。

转角处理

转角角度接近直角时，缠边次数如果太少，则会形成空隙，无法处理出紧密的缠边。
本作品转角处的孔洞需要缠绕 3 次皮绳。请根据作品的形状，调整缠边的次数。

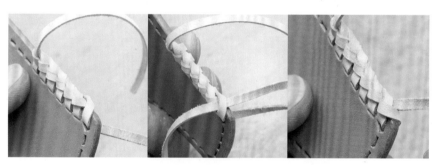

01

转角处的缠边方法和直线部位基本相同。先在转角的孔洞缠绕 1 次皮绳。

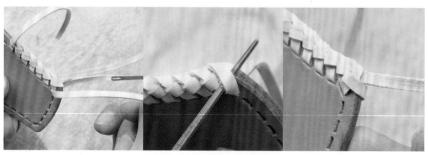

02

再将皮绳针插入同一个孔洞后缠绕，转角孔洞渐渐地呈现出缠边效果。

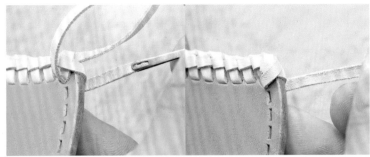

03 第3次缠绕时,如果孔洞很紧,建议用皮绳锥撑开孔洞。

04 将皮绳针再次穿过转角处的孔洞。难以穿过孔洞时,按照步骤03,用皮绳锥撑开孔洞。

05 将皮绳针穿过步骤04缠绕的皮绳下方,完成第3次缠边。

06 转角的孔洞缠绕3次后,将皮绳针穿过下一个孔洞。

07 将皮绳针穿过步骤06缠绕的皮绳下方。之后重复步骤06和07,完成缠边作业。转角缠绕3次后,就不会形成空隙,而会变得很挺立。

单缠缝 SINGLE LOOP LACING

缠边终点

最后介绍缠边终点的处理方法。
为了看得更清楚,此处的缠边起点使用黑色皮绳。

01 缠边至最后一个孔洞后,由皮面层侧拉出缠边起点缠绕的皮绳端部。

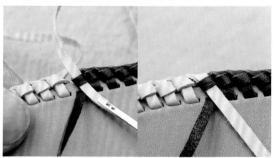

02 将皮绳针由上往下穿过步骤 01 拉出皮绳后形成的松环。

POINT

03 步骤 02 穿过后,用手将缠边编目往中间推压,以填满空隙。

04 由肉面层侧拉出缠边起点缠绕的皮绳。

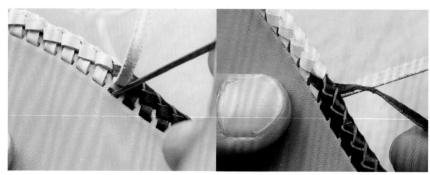

05
步骤 04 拉出皮绳后,缠边起点的孔洞就空出来了,接着将皮绳针穿过该孔洞。

单缠缝 SINGLE LOOP LACING

06

步骤 05 穿过孔洞后，缠边起点和终点的皮绳就都在肉面层侧了。将皮绳针穿过肉面层侧缠边起点缠绕的 3 条皮绳。

07 穿过皮绳后用力拉紧，用剪刀剪掉皮绳端部。用皮绳针夹住缠边起点保留的皮绳端部，以同样的方式，将皮绳针穿过肉面层侧缠边终点缠绕的 3 条皮绳。

08

剪掉皮绳端部。单缠缝就完成了。

单缠缝 SINGLE LOOP LACING

DOUBLE LOOP LACING
双缠缝

此为由一条皮绳双重交叉缠绕的缠边方法。

双缠缝是最经典的缠边法，请大家一定认真学习。

缠边起点

双缠缝需要准备缠边距离 7~8 倍的皮绳。
皮绳长度亦因皮料厚度而不同。此处使用 3mm 厚的皮绳。

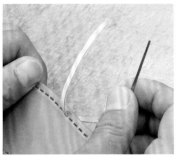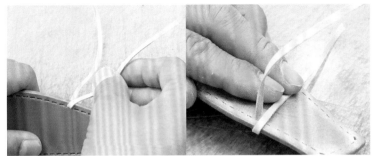

01 将皮绳针穿过第 1 个孔洞。皮绳末端保留约 10cm 长。

02 用手指将步骤 01 保留的皮绳末端压住。

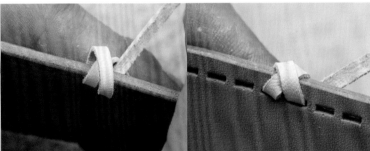

03 维持步骤 02 的状态,将皮绳针穿过下一个孔洞后拉紧皮绳,和先前缠绕的皮绳呈交叉状态。

04 将皮绳针穿过步骤 03 交叉缠绕部位的中心后拉紧皮绳。如上图,此缠边法因缠边过程中双重交叉缠绕而被称为双缠缝。

双缠缝 DOUBLE LOOP LACING

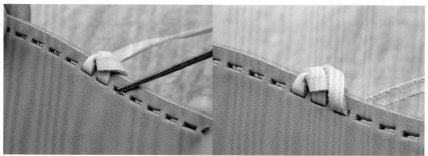

05
将皮绳针穿过下一个孔洞后拉紧皮绳。

06 将皮绳针穿过步骤 05 交叉缠绕部位的中心。重复步骤 05 和步骤 06,继续缠绕至转角处。

转角处理

和单缠缝一样,此处双缠缝的转角也需缠绕 3 次皮绳。
双缠缝比单缠缝更容易营造出存在感。

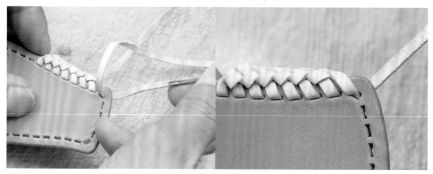

01
将皮绳针穿过转角处的孔洞后拉紧皮绳。

双缠缝 DOUBLE LOOP LACING

02

和直线部位的缠边方式一样，将皮绳针穿过交叉缠绕部位的中心。

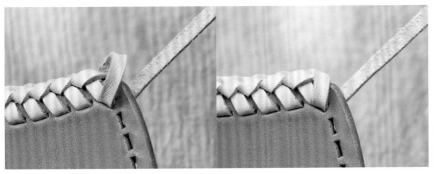

03

将皮绳针再次穿过转角处的孔洞后拉紧皮绳。

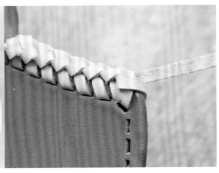

04

与步骤 02 一样，将皮绳针穿过交叉缠绕部位的中心。

双缠缝 DOUBLE LOOP LACING

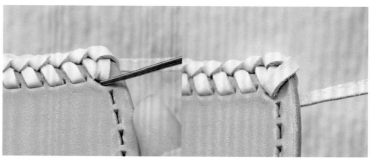

05 第3次缠绕时,如果孔洞很紧,皮绳针难以穿过时,建议用皮绳锥撑开孔洞。

06 用皮绳锥撑开后,将皮绳针再次穿过转角的孔洞,并拉紧皮绳。

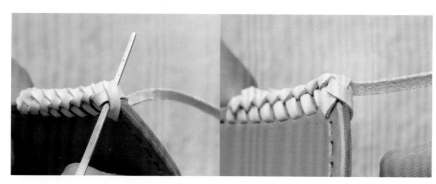

07

将皮绳针穿过交叉缠绕部位的中心。转角的3次缠绕就完成了。

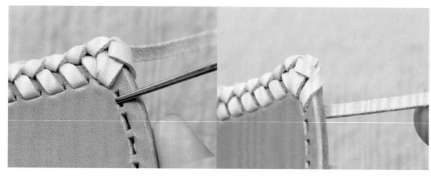

08

将皮绳针穿过下一个孔洞。以前述的双缠缝要领继续完成作业。

双缠缝 DOUBLE LOOP LACING

缠边终点

双缠缝比单缠缝需要多花一些时间来处理皮绳端部。
一步一步按顺序进行,避免弄错皮绳的孔洞数。

01
缠边至最后一个孔洞后,先由皮面层侧拉出缠边起点的皮绳端部。

02 再从肉面层侧拉出,如此就空出了缠边起点的孔洞。

03 再次由皮面层侧拉出缠边起点的皮绳端部后形成松环。这时将缠边终点的皮绳针穿过步骤 02 中空出的孔洞,再穿过前一个交叉缠绕部位的中心。

04
由肉面层侧再次拉出缠边起点的皮绳端部。拉出皮绳后用力一拉,步骤 03 中形成的松环便会消失。

双缠缝 DOUBLE LOOP LACING

05 将步骤 04 的松环消除后，会再次形成一个松环。将原本由肉面层侧拉紧的皮绳拉向皮面层侧。

06 再由肉面层侧拉出皮绳，此时就会空出 2 个孔洞。

07
将皮绳针穿过第一个孔洞后拉紧皮绳。

08
将皮绳针由下往上穿过步骤 05 形成的松环后拉紧皮绳。

双缠缝 DOUBLE LOOP LACING

09 以双缠缝的要领,将皮绳针穿过前一个交叉缠绕部位的中心。

10 此时用手将缠边编目往中间推压,以填满空隙。

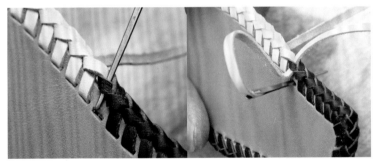

11 将皮绳针由上往下穿过步骤 08 穿过的松环,再从皮面层侧穿过最后一个孔洞。这样,缠边起点和终点的皮绳就都在肉面层侧了。

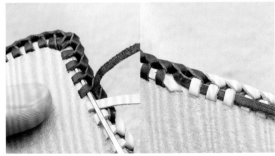

12 将终点的皮绳端部穿过肉面层侧起点的 3 个编目,将起点的皮绳端部穿过肉面层侧终点的 3 个编目。

13 剪断皮绳,处理好皮绳端部。

双缠缝 DOUBLE LOOP LACING

TRIPLE LOOP LACING
三缠缝

三缠缝是最容易营造出分量感的缠边方法。
缠边终点处理起来非常麻烦，所以让我们认真地完成每一个步骤吧。

缠边起点

三缠缝的起点和单缠缝、双缠缝都不同，必须要先回缠一个孔洞。
三缠缝需要准备缠边距离 9~10 倍的皮绳。

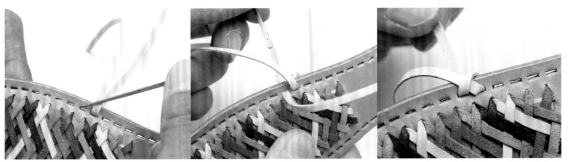

01 将皮绳针穿过第 1 个孔洞。皮绳末端保留约 10cm 长。和行进方向相反，将皮绳针穿过前一个孔洞后拉紧皮绳，形成交叉缠绕状态。保留的皮绳端部此时是朝着行进方向的反方向。

02

将皮绳针穿过行进方向的第 2 个孔洞，形成步骤 01 交叉缠绕的皮绳上又重叠另一条皮绳的状态。

03 将皮绳针从交叉缠绕部位下方穿过。即步骤 01 交叉缠绕部位和步骤 02 皮绳下方。如上图，此缠边法因缠边过程中三重交叉缠绕而被称为三缠缝。

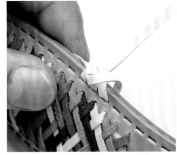

04 步骤 03 的皮绳针正确无误地穿过后拉紧皮绳。

三缠缝 TRIPLE LOOP LACING

05 将皮绳针穿过下一个孔洞后拉紧皮绳。

06 与步骤 03 相同,将皮绳针从交叉缠绕部位下方穿过后拉紧皮绳。重复步骤 05 和步骤 06,继续缠绕至转角处。

转角处理

三缠缝的转角比单缠缝和双缠缝的存在感更强,体积更大,
因此,转角处和两侧的孔洞分别需要缠绕 2 次皮绳,以分散转角处的厚度。

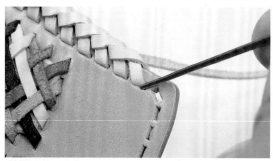

01 将皮绳针穿过转角的前一个孔洞。普通的孔洞如果缠绕 2 次皮绳,就算不扩大孔洞,皮绳还是可以顺利穿过的。

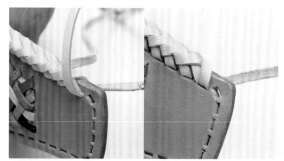

02 将皮绳针穿过孔洞后拉紧皮绳。

三缠缝 TRIPLE LOOP LACING

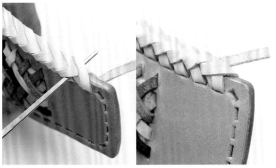 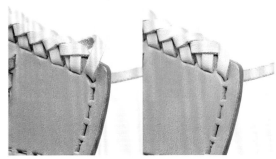

03 同之前一样,将皮绳针从缠绕交叉部位下方穿过后拉紧皮绳。

04 将皮绳针穿过转角的孔洞后拉紧皮绳。

 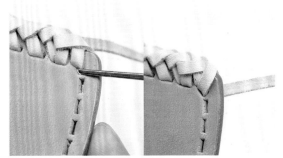

05 将皮绳针从缠绕交叉部位穿过后拉紧皮绳。

06 以三缠缝的要领,第2次缠绕转角的孔洞。

 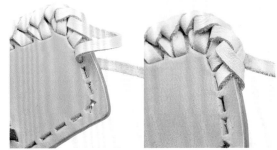

07 转角的孔洞缠绕2次后,继续缠绕下一个孔洞。下一个孔洞也缠绕2次。

08 转角的孔洞及其前后2个孔洞分别缠绕2次皮绳后,继续进行后续的缠边作业。

三缠缝 TRIPLE LOOP LACING

缠边终点

三缠缝终点的处理非常复杂,需要将起点缠绕的皮绳拉出多次。
建议按照步骤一步一步进行操作,以免出错。

01 缠绕到最后一个孔洞时,皮绳针是由皮面层侧穿向肉面层侧的状态。

02 从皮面层侧拉出起点第 1 针的皮绳端部,也就是拉出起点缠绕在第 2 个孔洞的皮绳。

03 由肉面层侧拉出皮绳。拉出皮绳后就会空出起点第 1 针的孔。

04 继续由皮面层侧拉出皮绳。拉出后形成松环。

05
由肉面层侧拉出皮绳。拉出后空出 2 个孔洞。

三缠缝 TRIPLE LOOP LACING

06 将步骤 01 穿过孔洞的皮绳针从前一个交叉缠绕部位的下方穿过。

07 将皮绳针穿过下一个孔洞,并从交叉缠绕部位下方穿过,完成 1 次三缠缝。

POINT

08 用手将缠边编目往中间推压,以填满空隙。

09 将皮绳针由上往下穿过步骤 04 的松环。

三缠缝 TRIPLE LOOP LACING

10 将皮绳针由皮面层侧穿过下一个孔洞。

11 将皮绳针穿到肉面层后由下往上穿过步骤 09 穿过的松环。

12 将穿到皮面层的皮绳针从交叉缠绕部位的皮绳下方穿过。

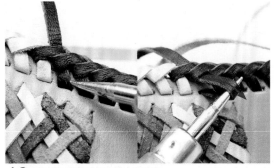

13 由皮面层侧拉出缠边起点的皮绳。

14 由肉面层侧拉出皮绳，又空出 1 个孔洞。

三缠缝 TRIPLE LOOP LACING

15 将皮绳针穿过步骤 13 拉出缠边起点皮绳时的位置,拉紧皮绳。

16 将皮绳针穿过步骤 14 空出的孔洞。这样,缠边起点和终点的皮绳就都在肉面层侧了。

17 和单缠缝、双缠缝一样,将起点和终点的皮绳端部穿过肉面层侧编目,剪断皮绳,整个三缠缝作业就完成了。

18 此处介绍的是最基本的皮绳端部固定方法。GRAND ZERO 工作室通常会将缠边终点处理得丝毫看不出。

POINT

缠边的差异

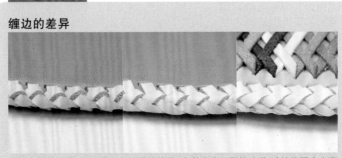

上图为由单缠缝、双缠缝和三缠缝的编目,有着完全不同的味道。建议依照个人喜好,或者配合作品风格决定使用的缠边方法。

三缠缝 TRIPLE LOOP LACING

SPANISH LACING
西班牙式缠边

当你想要把两片皮料缠在一起,建议使用西班牙式缠边。
皮料衔接技巧和缠边终点的处理方法都非常简单,一定要试着挑战一下喔!

缠边起点

西班牙式缠边是能将 2 片皮料缠绕结合在一起的缠边方法。
此处也介绍了中途衔接皮料的技巧。缠边距离为 12cm 长时,需要准备长约 120cm 的皮绳。

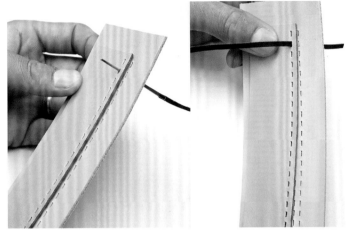

01 将上下孔距都设定为 6mm, 将右侧皮料的左右孔距设定为 4mm。

02 重叠 2 片皮料,将皮绳针由肉面层穿过两片重叠皮料的第 2 个孔洞。拉紧皮绳,皮绳末端保留约 10cm 长。

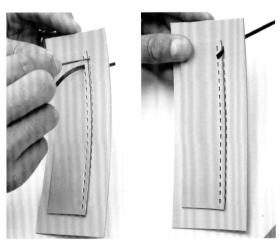

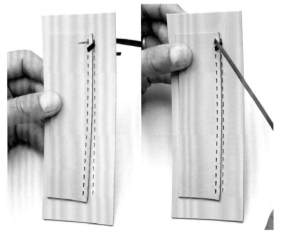

03 将皮绳针穿过下层皮料的第 1 个孔洞。

04 将皮绳针由肉面层侧穿过 2 片重叠皮料的第 1 个孔洞。

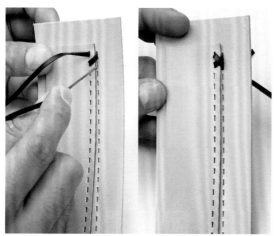

05 将皮绳针穿过下层皮料的第 2 个孔洞。

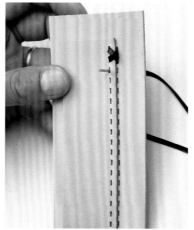

06 将皮绳针由肉面层侧穿过重叠皮料的第 3 个孔洞。

POINT

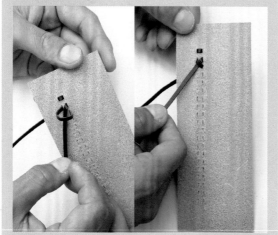

07 步骤 06 将皮绳针穿过第 3 个孔洞后，先套住保留的皮绳端部，再拉紧皮绳。

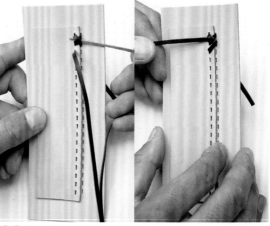

08 将皮绳针从右侧穿过第 1 个和第 2 个孔洞的交叉缠绕部位的中心。

西班牙式缠边 SPANISH LACING

09 将皮绳针穿过下层皮料的第 3 个孔洞。

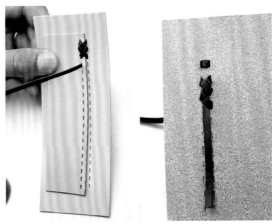

10 将皮绳针由肉面层穿过重叠皮料的第 4 个孔洞。注意固定住肉面层侧保留的皮绳端部。

缠边终点

此处将解说第一次缠边终点的皮绳端部的处理方法。
与单缠缝和双缠缝相比，此处终点将会处理得更漂亮。

11 将皮绳针穿过第 2 个和第 3 个孔洞交叉缠绕部位的中心。重复步骤 08~10，继续进行缠边作业。

01 缠绕至终点，此时皮绳是从肉面层侧穿出的状态。将皮绳针穿过肉面层侧的缠绕编目，一次穿过约 5 条。

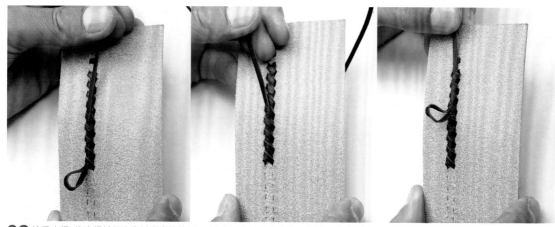

02 拉紧皮绳,将皮绳针再次穿过剩余的编目,一直穿到缠边起点的第2个编目为止。皮料肉面层侧的编目形成一条直线。

衔接法

中途衔接皮料,但依然可将编目处理得很漂亮,
这是西班牙式缠边的特征之一。

03 剪掉多余的皮绳。

01 将皮绳针由肉面层侧穿过第1个孔洞。

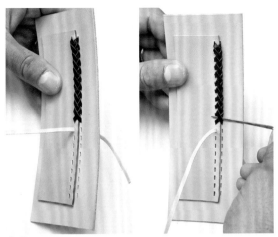

02 皮绳末端保留约 10cm 长。将皮绳针穿过上一个终点的交叉缠绕部位的中心。

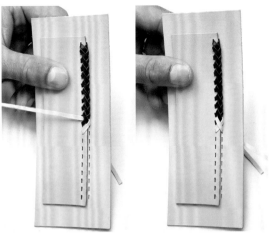

03 将皮绳针穿过下层皮料的第 1 个孔洞。

04 将皮绳针穿过下层皮料的第 2 个孔洞，固定住保留的皮绳。

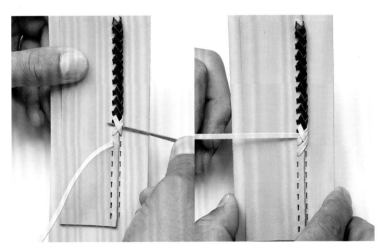

05 将皮绳针从上一个交叉缠绕部位的中心穿过。

西班牙式缠边 SPANISH LACING

缠边终点

此处再次解说缠边终点的皮绳端部处理方法。
贴近编目剪断皮绳，可将编目处理得更漂亮。

06 将皮绳针穿过下层皮料的第 3 个孔洞。重复步骤 04~06。

01 上图为缠绕至终点后，皮绳穿向肉面层后的状态。

02 将皮绳针穿过肉面层侧的编目后拉紧皮绳。

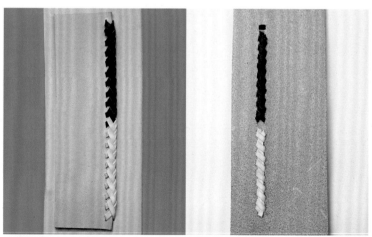

03 剪掉多余的皮绳，整个缠边作业就完成了。贴近编目剪断皮绳，可将编目处理得更漂亮。

作品实例 2
ITEM SAMPLE 2

此处主要介绍GRAND ZERO工作室以缠边的方式制作而成的作品。作品亦因创作者的缠边设计而大放异彩。

此款蛇皮打火机袋是以缠边技巧处理结合处，再配以四股圆编制成的编绳。

这两款腰包都进行了皮绳缠边处理。粘贴特殊皮料时，采用缠边方式即可处理得更精致。

以西班牙式缠边完成的笔记本皮套。缠边的样式成为整个设计的一部分。

本体、扣带、束带都进行缠边处理的手机套。本体和缠边都可以欣赏到经年变化的魅力。

造型简单的小型挎包，加上缠边元素后，设计感大幅提升。缠边处理也使得包袋在使用时比缝线更加方便。

使用蛇皮制作成的福莱仕薄荷糖袋。缠边的样式和蛇皮的花纹很搭配。

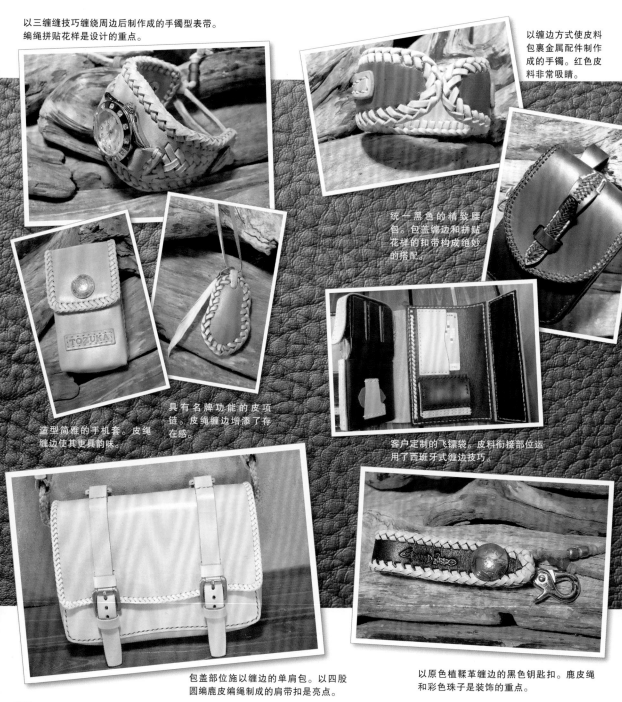

以三缠缝技巧缠绕周边后制作成的手镯型表带。
编绳拼贴花样是设计的重点。

以缠边方式使皮料
包裹金属配件制作
成的手镯。红色皮
料非常吸睛。

统一黑色的精致腰
包。包盖缠边和拼贴
花样的扣带构成绝妙
的搭配。

造型简雅的手机套。皮绳
缠边使其更具韵味。

具有名牌功能的皮项
链。皮绳缠边增添了存
在感。

客户定制的飞镖袋。皮料衔接部位运
用了西班牙式缠边技巧。

包盖部位施以缠边的单肩包。以四股
圆编鹿皮编绳制成的肩带扣是亮点。

以原色植鞣革缠边的黑色钥匙扣。鹿皮绳
和彩色珠子是装饰的重点。

非常奢侈地使用珍珠鱼皮制成的笔记本套，周边进行
三缠缝，书脊处使用西班牙式缠边技巧衔接皮料。

缠边和具有异
国情调的皮革
组合成一个完
美的手镯。可
以用各种皮料
尝试一下。

经由缠边处理的摩托车坐垫散
发着浓浓的怀旧气息。

圆形钥匙扣。圆形的本体施以缠边
后呈现出不一样的感觉。

四周施以缠边的皮马甲。制作时付
出了巨大的努力，存在感十足。

经由缠边处理的镶嵌蛇皮的钥匙包。精
美的缠边使皮革意象更加突出。

方形结编绳 & 螺旋纹编绳

此处介绍了一些具有与众不同模样的编绳方法。
活用这些方法,可以做出独创性十足的编绳或手机挂件。

方形结编绳

SQUARE BRAID

顾名思义,方形结编绳正是方形模样的。
只看成品可能会觉得很复杂,但若熟记编的方法,制作起来就会很简单。

01 准备 2 条 80~90cm 长的皮绳。将原色皮绳横向摆放。将黑色皮绳纵向摆放后,如上图将黑色皮绳摆成 N 字形。

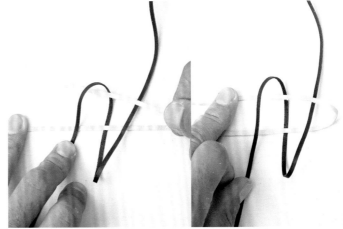

02 将原色皮绳右端穿过 N 字形的上方的环状部位。

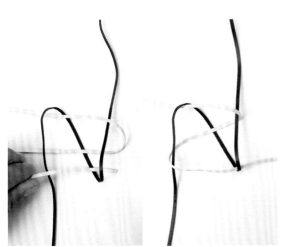

03 将原色皮绳左端穿过 N 字形下方的环状部位。此时,两条皮绳都以 N 字形的状态交织在一起。

04 调整步骤 03 的状态,使编目往中央集中靠拢。调整时注意使皮绳的长度一致,避免长短不一。

方形结编绳 & 螺旋纹编绳 SQUARE BRAID & SPIRAL TWIST BRAID

05 上图中为背面的状态。

06 将黑色皮绳摆成 N 字形。

07 将原色皮绳穿过黑色皮绳的环状部位。

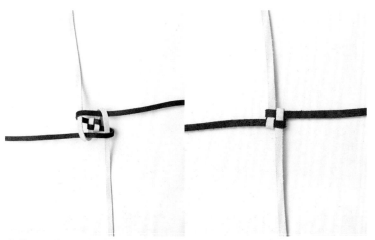

08 使编目往中央靠拢。重复步骤 06 和 07，累积方形结。

09 重复步骤 06 和 07 编织完成后的状态。此处使用的皮绳约 90cm 长，约可制作出 7cm 长的方形结编绳。

方形结编绳 & 螺旋纹编绳 SQUARE BRAID & SPIRAL TWIST BRAID

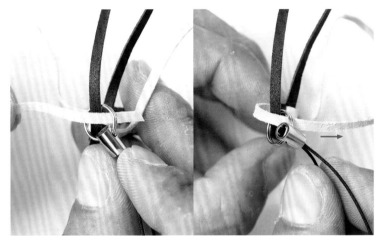

10 这次是制作手机的挂饰,因此要安装金属配件。将黑色皮绳穿过圆环。

11 将原色皮绳也穿过圆环。皮绳穿过圆环后拉向另一侧。

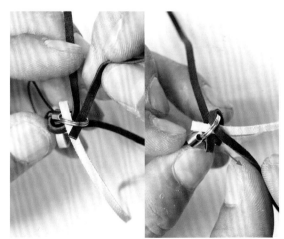
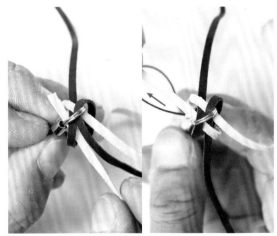

12 穿过第2条黑色皮绳。2条黑色皮绳的方向相反。

13 穿入第2条原色皮绳。此时,黑色皮绳和原色皮绳相互交织在一起。

方形结编绳 & 螺旋纹编绳 SQUARE BRAID & SPIRAL TWIST BRAID

14 拉紧 4 条皮绳以填满圆环和皮绳之间的空隙。

15 分别将黑色皮绳与原色皮绳交叉。交叉后原相反方向的同色的皮绳朝向同一方向。

16 步骤 15 交叉完成后，用镊子将编目撑开，好让皮绳端部能顺利通过。

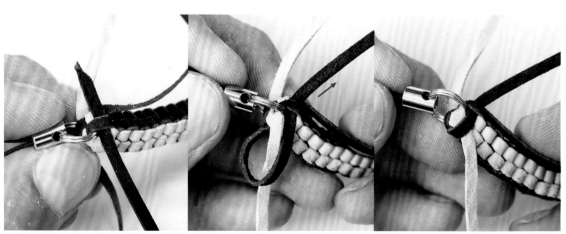

17 将黑色皮绳穿过编目后拉紧。拉紧后黑色绳聚集到另一侧。

方形结编绳 & 螺旋纹编绳 SQUARE BRAID & SPIRAL TWIST BRAID

18 将原色皮绳以相同的要领穿过编目,往上图箭头方向拉紧。

19 此时,4条皮绳都朝向同一方向。

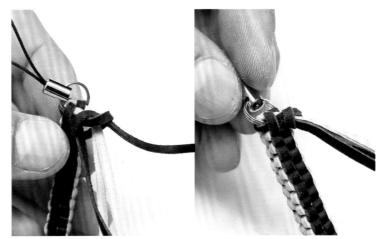

20 将其中1条皮绳缠绕在另外3条皮绳上后,在其中一侧打结。

方形结编绳 & 螺旋纹编绳 SQUARE BRAID & SPIRAL TWIST BRAID

21 将皮绳端部裁切成适当的长度。斜着裁切可使成品更美观。

22 以方形结编法制作成的手机挂饰。可以根据自己的构思，应用在各种作品上。

螺旋纹编绳
SPIRAL TWIST BRAID

螺旋纹编绳和方形结编绳的编法基本相同，但外观却是完全不同的。
此处将用牛皮绳以螺旋纹编法制作钥匙链。

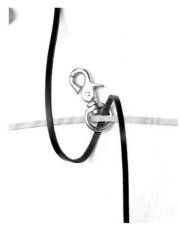

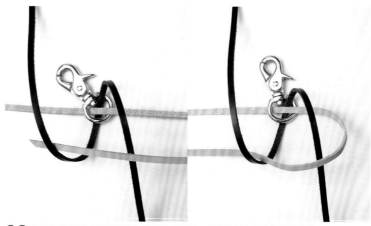

01 将原色皮绳和黑色皮绳十字交叉穿过龙虾扣。将黑色皮绳摆成 N 字形。

02 将黑色皮绳摆成 N 字形后，将原色皮绳的一端穿过 N 字形的环状部位。

方形结编绳 & 螺旋纹编绳 SQUARE BRAID & SPIRAL TWIST BRAID

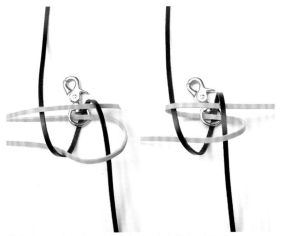

03 将原色皮绳的另一端也穿过黑色皮绳的环状部位。

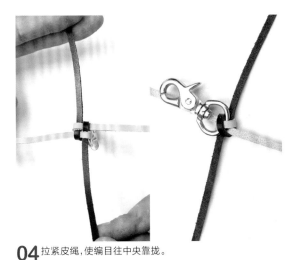

04 拉紧皮绳，使编目往中央靠拢。

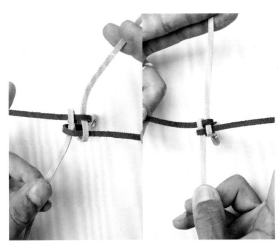

05 将2条皮绳再以N字形交织摆放在一起。

06 拉紧步骤05的皮绳，使编目往中央靠拢，填满空隙。做法与方形结编绳相同。

方形结编绳 & 螺旋纹编绳 SQUARE BRAID & SPIRAL TWIST BRAID

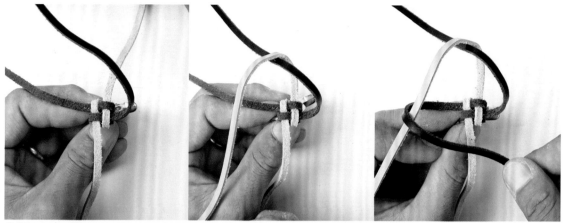

07 将右侧黑色皮绳拉向左上角,放在左侧黑色皮绳和上方原色皮绳之间。将上方的原色皮绳拉向左下角,放在左侧黑色皮绳和下方原色皮绳之间。将左侧黑色皮绳拉到右下角,放在下方原色皮绳和右侧的黑色皮绳之间。

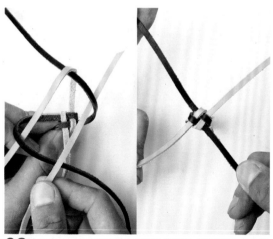

08 将下方的原色皮绳穿过右侧黑色皮绳形成的环状部位后拉紧皮绳。

09 重复步骤07和08,编织出适当长度。将皮绳编成右上图的松环状态,暂时不要拉紧。

方形结编绳 & 螺旋纹编绳 SQUARE BRAID & SPIRAL TWIST BRAID

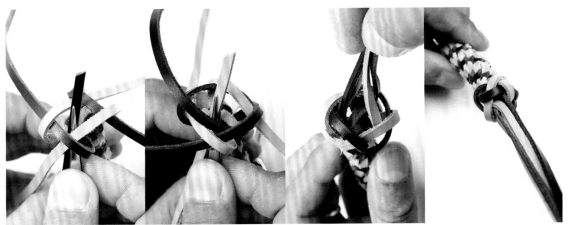

10 将皮绳端部由下到上从松环中心的空隙穿上来。注意，将黑色皮绳搭住另一条黑色皮绳的根部，原色皮绳搭住另一条原色皮绳的根部。4条皮绳由中心的空隙穿出后拉紧，以固定住编绳部位。

11 用压擦器的尖端调整编目以填满空隙。拉紧皮绳，将编目处理得更紧实。

12 最后将皮绳端部裁切成适当的长度。螺旋纹编绳的钥匙链就完成了。

方形结编绳 & 螺旋纹编绳 SQUARE BRAID & SPIRAL TWIST BRAID

APPLIQUE
编绳拼贴花样

在皮料上打孔后编绳以制作成漂亮的拼贴花样。
此处将介绍 3 种非常适合用于装饰背带等部位的编绳拼贴技巧。

孔洞的打法

依序打出编绳拼贴花样的孔洞。
皮料的厚度和宽度、孔洞的大小和间距不同,拼贴花样的样子也会不同。大家可以尽情尝试一下。

01 用间距规在想要编绳拼贴部位处画出中心线。

02 将间距规设定为 10mm 宽,做好打编织孔洞的位置记号。

03 根据 02 的记号,用皮带斩依序打出孔洞。

04 此处使用的是 10mm 宽的皮带斩,孔距也为 10mm。第一个孔至最后一个孔距离为 125mm。

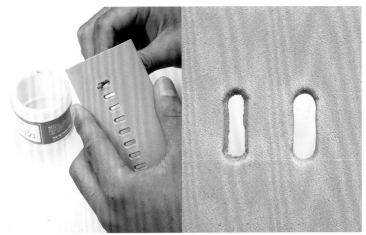

05 用细木棒蘸取边缘处理剂(床面处理剂),打磨孔洞。由右上图可以看出孔洞打磨前后的差异。孔洞经过打磨后,可大幅降低穿绳难度。建议仔细打磨。

编绳拼贴花样 1

APPLIQUE 1

此处介绍 2 条皮绳交互编织的编绳拼贴技巧。
按照 P89 介绍的皮料(12.5cm),需要准备总长约 40cm 的皮绳。

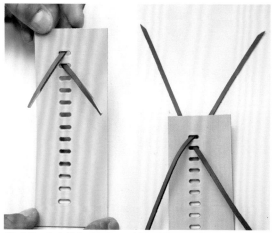

01 将 2 条皮绳分别由肉面层侧穿过第 1 孔和第 2 孔,端部保留约 10cm 长。

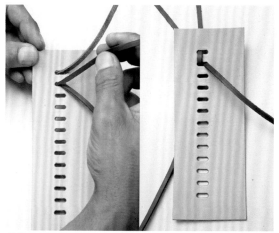

02 将第 1 孔的绿色皮绳由皮面层侧穿过第 2 孔。

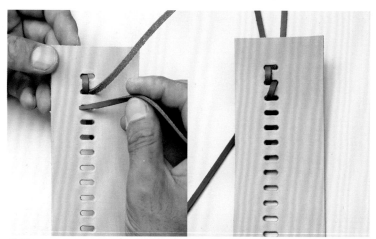

03 将第 2 孔的蓝色皮绳由皮面层侧穿过第 3 孔。

04 将绿色皮绳由肉面层侧穿过第 3 孔。

编绳拼贴花样 APPLIQUE

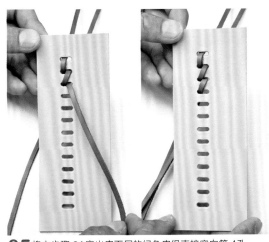

05 将由步骤 04 穿出皮面层的绿色皮绳直接穿向第 4 孔。

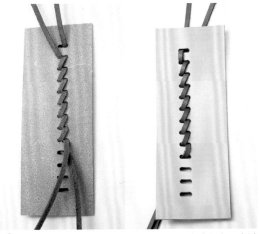

06 然后穿蓝色皮绳。重复步骤 04 和 05，将两色皮绳交互穿过孔洞。

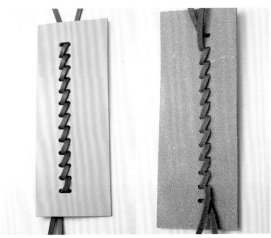

07 编绳至最后一个孔洞的状态。

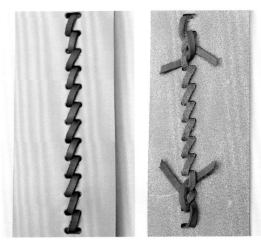

08 翻至肉面层侧，将皮绳端部穿过肉面层侧的编目后固定住。

编绳拼贴花样 APPLIQUE

编绳拼贴花样 2

APPLIQUE 2

此处介绍皮料表面犹如嵌入三股编绳的编绳拼贴技巧。
此法需要下些功夫,但装饰效果非常好。使用P89的皮料,需要准备总长约为68cm的皮绳。

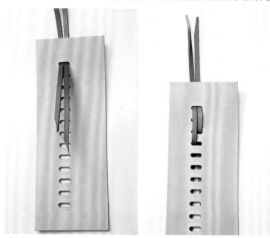

01 将2条皮绳由肉面层侧穿过第1个孔洞。然后从皮面层侧将其中一条穿入第4孔,另一条穿入第3孔。皮绳末端保留约10cm长。

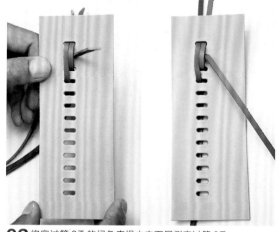

02 将穿过第3孔的绿色皮绳由肉面层侧穿过第2孔。

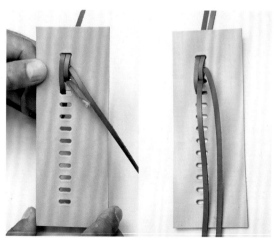

03 将穿过第4孔的蓝色皮绳由肉面层侧穿向第3孔。

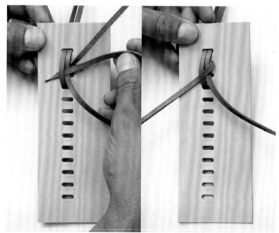

04 将步骤02由第2孔穿出的绿色皮绳从蓝色皮绳下方穿过。

05 将绿色皮绳穿过第5孔。

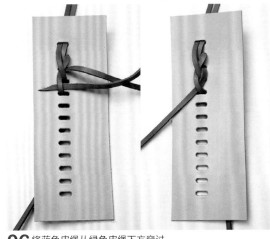

06 将蓝色皮绳从绿色皮绳下方穿过。

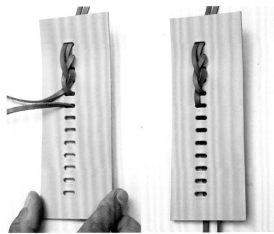

07 将蓝色皮绳穿过第6孔。

08 重复步骤 02~07, 编绳至最后一个孔洞。翻至肉面层侧, 将皮绳端部穿过肉面层侧的编目后固定住。

编绳拼贴花样 APPLIQUE

编绳拼贴花样 3

APPLIQUE 3

此处介绍皮料表面犹如嵌入四股编绳的编绳拼贴技巧。
先穿好其中一条皮绳，再穿另一条皮绳。

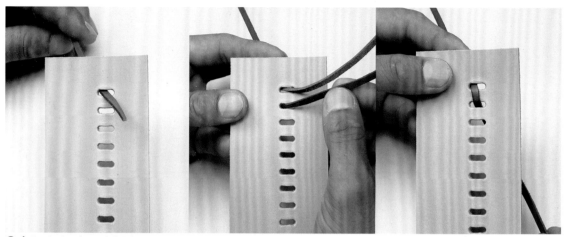

01 将 1 条皮绳（上图为蓝色）由肉面层侧穿过第 1 孔，接着由皮面层侧穿过第 2 孔。

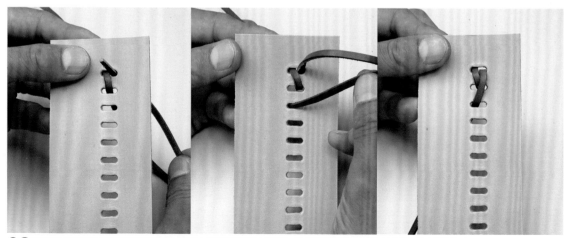

02 将皮绳再次由肉面层侧穿过第 1 孔，接着由皮面层侧穿过第 3 孔。为了能顺利穿过第 2 条皮绳，第 1 条蓝色皮绳不要拉太紧。

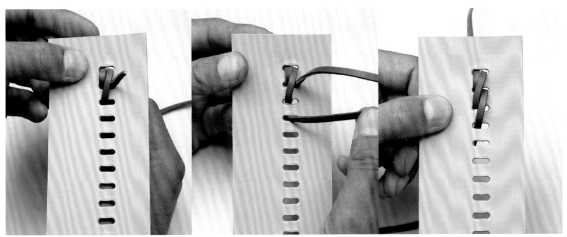

03 将皮绳由肉面层侧穿过第2孔，穿向皮面层侧后穿入第4孔。

04 以步骤03的要领，编绳至最后一个孔洞。

05 蓝色皮绳编好后，将第2条绿色皮绳从肉面层侧穿过第1孔。

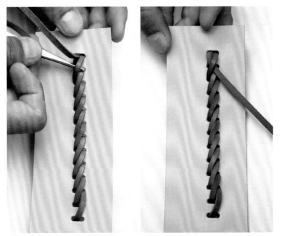

06 将绿色皮绳从蓝色皮绳第1个编目中穿过，使蓝色皮绳和绿色皮绳呈交叉状态。使用镊子更容易穿入皮绳。

编绳拼贴花样 APPLIQUE

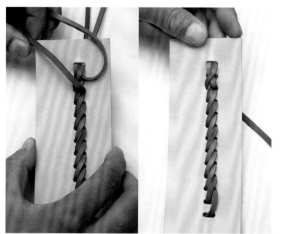

07 将绿色皮绳由皮面层侧穿过第3孔。

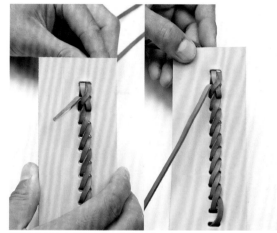

08 将绿色皮绳由肉面层侧穿过第2孔。

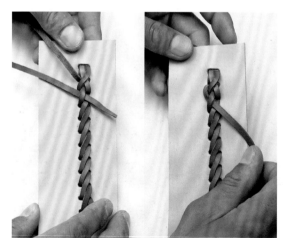

09 将绿色皮绳从第2个蓝色皮绳编目中穿过。

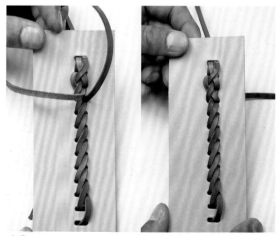

10 将绿色皮绳由皮面层侧穿过第4孔。再将绿色皮绳由肉面层侧穿过上一个（第3孔）孔洞。

编绳拼贴花样 APPLIQUE

11 重复步骤 08~10，继续编织。

12 编绳至最后一个孔洞后的状态。

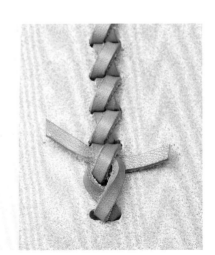

13 翻至肉面层侧，将皮绳端部交叉穿过编目后固定住。

SLIT BRAID
长形孔套编绳

正如其名,将皮料端部反复穿入长形孔进行编绳的技巧。

如果长形孔的长度或间隔不同,那么能套编出完全不同的模样。

长形孔套编绳 1

SLIT BRAID 1

长形孔套编绳以皮面层为基准，将2孔侧端对折成凹折，将3孔侧端对折成凸折，依序套编。
套编过程中要不断地调整编目。

01 将30cm长、2cm宽的皮料按照上图中的样子（一端2孔、一端3孔）打孔。采用长形孔套编绳时需要不停地折弯皮料，因此最好选用又软又薄（约1mm厚）的皮料。

02 将圆环套在皮料中央，即两侧的长形孔之间。

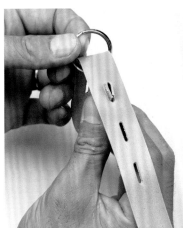

03 将2孔侧端部向皮面层侧对折成凹折。

04 将步骤03折成凹折的端部穿过3孔侧端最靠近圆环的孔洞。

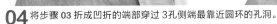

05 将3孔侧端部向肉面层侧对折成凸折，穿过2孔侧靠近圆环的孔洞。

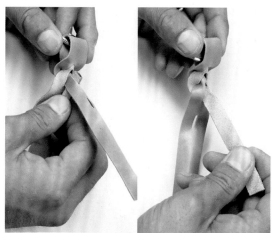

06 将凹折的2孔侧端部穿过3孔侧中间的孔洞。

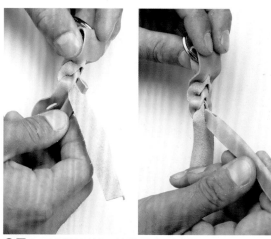

07 将3孔侧端部穿过2孔侧的最后一个孔洞。

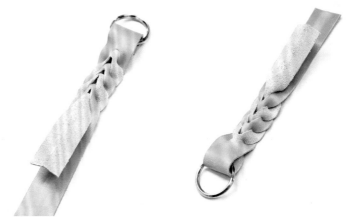

08 将 2 孔侧端部穿过 3 孔侧的最后一个孔洞。

09 调整编目，整体拉伸后钥匙圈就完成了。此作品只打了 5 个长形孔。如果使用长一点的皮料，多打几个孔洞，那么可以做出更多不一样的作品。

长形孔套编绳 2

SLIT BRAID 2

长形孔套编绳 2 和长形孔套编绳 1 的对折方向正好相反，
可以套编出另一种模样。可以试着挑战一下。

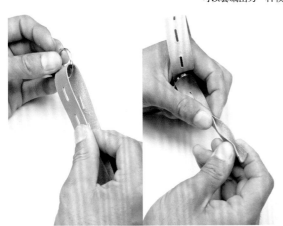

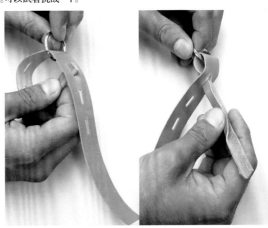

01 套上圆环后将 2 孔侧端部向肉面层侧对折成凸折。

02 将步骤 01 折成的凸折的 2 孔侧端部穿过 3 孔侧最靠近圆环的孔洞。

长形孔套编绳 SLIT BRAID

03 将3孔侧的端部向皮面层侧对折成凹折,穿过2孔侧靠近圆环的孔洞,拉紧皮料。

04 将2孔侧端部穿过3孔侧中间的孔洞。

POINT

05 如果穿过后形状不协调,则用压擦器端部进行调整,使编绳变得漂亮。

长形孔套编绳 SLIT BRAID

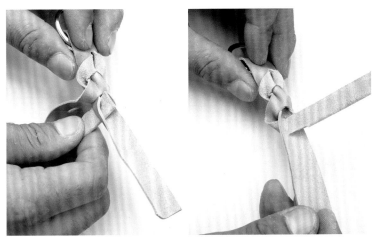

06 将3孔侧端部穿过2孔侧的最后一个孔洞。

07 将2孔侧端部穿过2孔侧的最后一个孔洞。

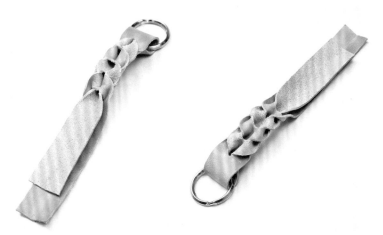

08 第2种长形孔套编绳就完成了。长形孔的长度、孔洞间隔以及使用的皮料不同,编绳的模样和格调都会大不相同。建议大家挑战各种各样的模样。

09 上图右边为长形孔套编绳1,左边为长形孔套编绳2。两款编绳的差异一目了然。

长形孔套编绳 SLIT BRAID

APPLIQUE OF THONG BRAID
平编拼贴花样

运用平编技巧在皮料上穿编出拼贴花样。
此处介绍使用 3mm 宽的皮绳三股平编和五股平编的拼贴技巧。

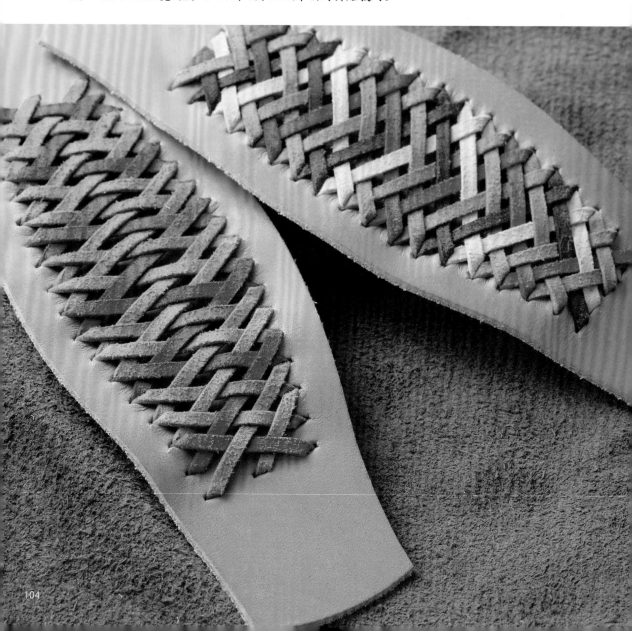

三股平编拼贴花样
APPLIQUE OF THREE THONGS BRAID

利用3条皮绳在皮料上穿编出漂亮的拼贴花样。编法或孔洞位置排列不同，
即可编出不同的花样。赶快进行挑战吧。

01 长边孔洞间隔5mm，短边孔洞以中心线为基准，间隔为10mm。

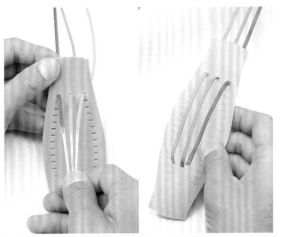

02 将3条皮绳分别穿上皮绳针，分别穿过最上方的3个孔洞。皮绳末端保留约10cm长。

03 将左侧的红色皮绳穿过右侧的第3孔。

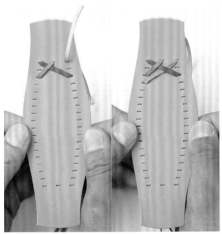

04 将中间的绿色皮绳由红色皮绳上方穿过左侧的第3孔，将右侧的蓝色皮绳由红色皮绳下方穿过左侧的第4孔。

05 将步骤04穿过左侧第3孔的绿色皮绳由肉面层侧穿过左侧的第2孔，由皮面层穿出后，经由绿色皮绳上方、蓝色皮绳下方，穿入右侧的第4孔。

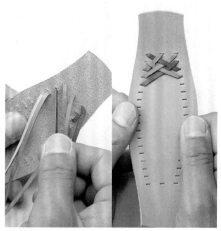
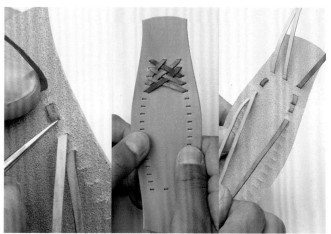

06 将红色皮绳由肉面层侧穿过上一孔（右侧第2孔），穿向皮面层侧后，由绿色皮绳下方穿过左侧第5孔。

07 将蓝色皮绳由肉面层侧穿过上一孔（左侧第3孔），穿向皮面层侧后，由红色皮绳下方穿过右侧第5孔。

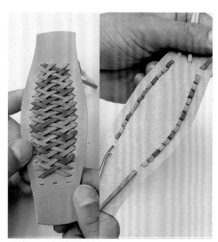
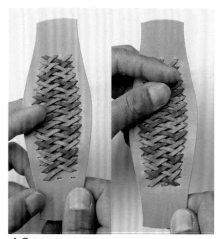

08 以上要领，按照绿、红、蓝的顺序编上3条皮绳。

09 注意，不要弄错上下关系。皮料背面（肉面层侧）只有纵向排列的编目。

10 将皮绳端部全部穿向肉面层侧。

平编拼贴花样 APPLIQUE OF THONG BRAID

11 皮绳端部都从内面层侧穿出后，准备将皮绳端部固定在编目中。

12 将皮绳调整至最自然的角度后穿过编目。先穿向外侧，再穿向内侧，穿成"＞"形。

13 将蓝色皮绳和绿色皮绳穿过相反侧的编目后固定住。起点处的皮绳端部仅仅固定住即可。

14 摆好皮绳，标出涂抹强力胶的位置记号。

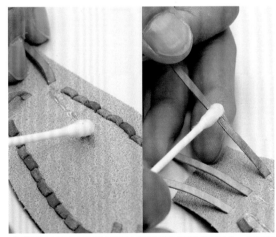

15 将DIABOND强力胶涂抹在步骤14所做的记号处。皮绳背面也涂抹上DIABOND强力胶。

平编拼贴花样 APPLIQUE OF THONG BRAID

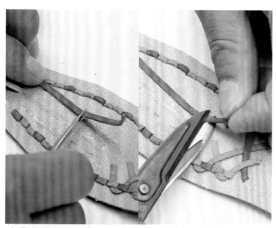

16 待强力胶半干后粘贴皮绳。若皮绳太长，就修剪一下。根据个人喜好进行处理。

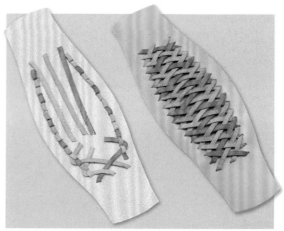

17 完成。可在编绳下方加入填充物，以营造立体感。使用两块皮料即可隐藏肉面层侧的编目。

五股平编拼贴花样

APPLIQUE OF FIVE THONGS BRAID

利用5条皮绳在皮料上穿编出拼贴花样。
它比三股平编拼贴技巧更复杂，编出的拼贴花样也更漂亮。

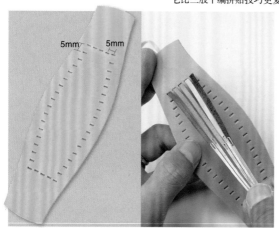

01 长边和短边侧都以5mm孔距打好孔洞。将5条皮绳穿上皮绳针，分别穿过最上方的5个孔洞。

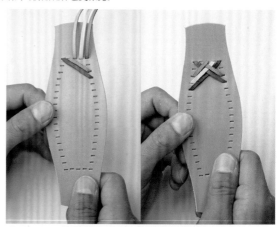

02 将红色皮绳穿过右侧第4孔，蓝色皮绳穿过右侧第3孔。将绿色皮绳由蓝色和红色皮绳上方穿过左侧第3孔。将原色皮绳由蓝色皮绳下方穿过第4孔。将茶色皮绳由蓝色和红色皮绳下方穿过第5孔。

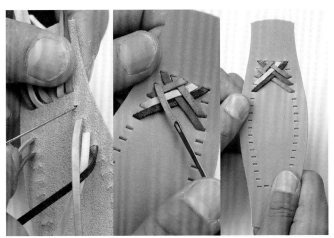

03 将绿色皮绳由肉面层侧穿过上一个孔洞（左侧第 2 孔），穿向皮面层侧后，由原色和茶色皮绳下方穿过右侧第 5 孔。

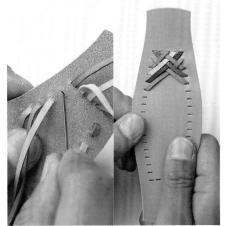

04 将蓝色皮绳由肉面层穿过上一孔（右侧第 2 孔），穿向皮面层后由红色和绿色皮绳下方穿过左侧第 6 孔。

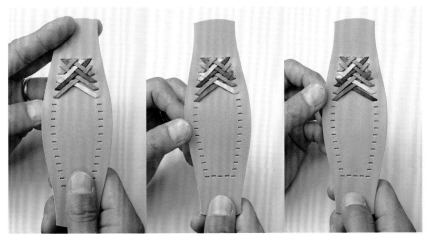

05 然后将原色、红色、茶色依序穿绳，编出拼贴花样。要点是由上一孔穿向皮面层后，经由两条皮绳下方穿向另一侧的孔洞。

06 重复步骤03~05，完成穿绳作业。

平编拼贴花样 APPLIQUE OF THONG BRAID

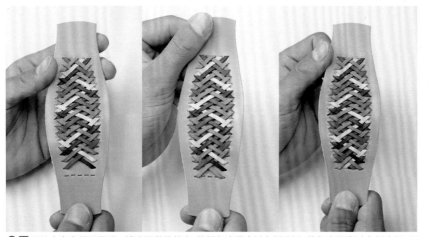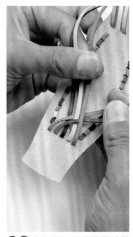

07 照片中为穿绳至最后一排孔洞前的状态。将绿色皮绳穿过左侧孔洞,蓝色皮绳穿过右侧孔洞,原色皮绳穿过左二孔洞,茶色皮绳穿入正中间的孔洞,红色皮绳穿入右二孔洞。

08 此处同三股平编拼贴花样一样,将皮绳交叉穿过肉面层侧的编目后固定住。

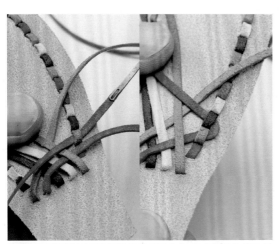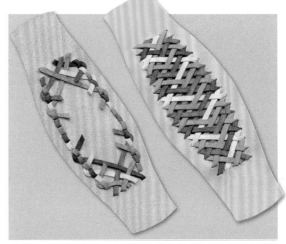

09 将皮绳穿过肉面层侧的编目后固定住。将皮绳折">"形,就不会形成厚度。

10 处理好上下端的皮绳端部后,剪掉多余的皮绳,五股平编拼贴花样就完成了。

平编拼贴花样 APPLIQUE OF THONG BRAID

作品实例 3
ITEM SAMPLE 3

此处介绍了GRAND ZERO工作室以平编拼贴技巧制作的一些作品。平编拼贴花样既可用于营造视觉焦点，又可以作为主体的装饰。

以五股平编拼贴技巧制作成的皮带。用牛皮绳在打了圆孔的皮料上穿编出拼贴花样。

以编绳拼贴技巧制作成的扣带成为整个作品的视觉焦点。

融缠边、平编拼贴、四股圆编三种技巧为一身的皮带钥匙扣。

以五股平编拼贴技巧制作成的皮带。使用的皮绳很长，制作时间也很长，但也成功地营造出了压倒性的存在感。

以缠边和平编拼贴技巧制作出的手环，像一场华丽的演出。

极简造型的手环加上平编拼贴元素，显得格外经典。

以两侧的穿绳拼贴花样衬托日式风格装饰扣的笔记本套。

111

在拼贴花样和皮带之间加入填充物,大幅提升皮带作品的立体感。

以三股平编拼贴花样装饰主体而制作成的钥匙包。

即使是相同的平编拼贴花样,袋鼠皮绳和牛皮绳编出来的感觉完全不同。

变换皮料上穿绳的孔洞位置,就能表现出不同的拼贴效果。

平编拼贴花样最适合用于装饰皮带。既可以同色系皮绳做简单的编绳拼贴,亦可用不同色系皮绳编织重点装饰。

以编绳拼贴花样为装饰的鹿皮腰包。包的裆部也加上了编绳拼贴元素。

HOW TO MAKE ITEMS
作品制作

学会编织和缠边技巧后，一定要实际地把这些技巧活用在皮件作品上。
此处将介绍运用前文的技巧制作的造型简单的打火机套和钥匙包。

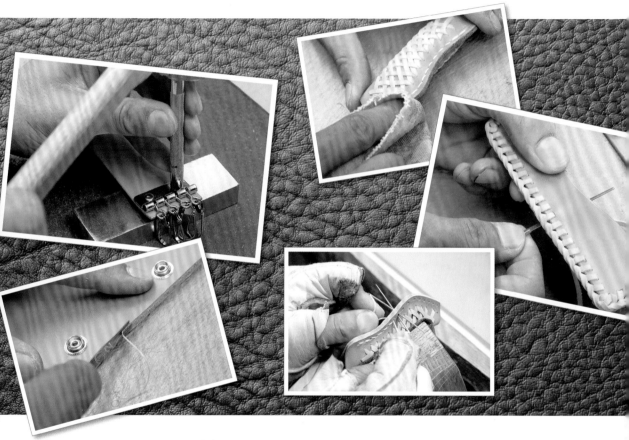

注意 CAUTION

■本书是以期望能帮助读者学习皮革编织知识、掌握编织技巧编辑而成的，只供参考，不能确保每个人都能制作成功。作业的成功与否需视个人的技术程度而定。

■制作时请务必小心，以免意外受伤或造成工具的损坏。对于制作过程中发生的任何意外，作者、编辑以及出版社恕难承担责任。

■本书中刊载的作品照片可能与实物有所出入。

■本书内刊载的作品和纸型均为原创设计，仅限个人使用。

LIGHTER CASE
打火机套

让 2 元钱的打火机完成华丽变身的原创打火机套。
非常适合用来练习平编拼贴技巧。

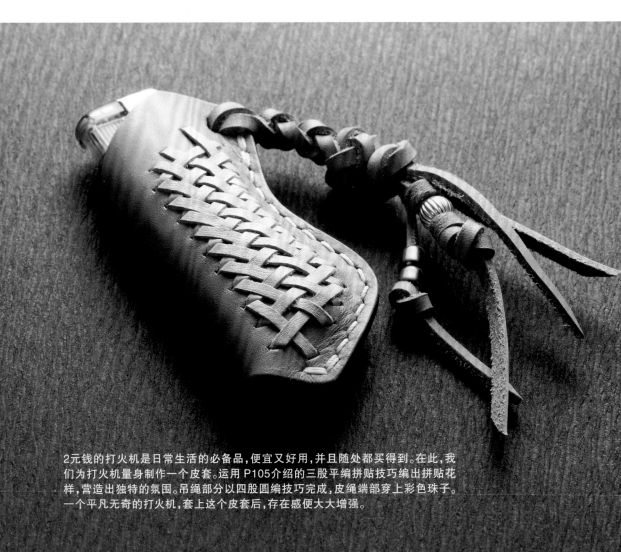

2 元钱的打火机是日常生活的必备品，便宜又好用，并且随处都买得到。在此，我们为打火机量身制作一个皮套。运用 P105 介绍的三股平编拼贴技巧编出拼贴花样，营造出独特的氛围。吊绳部分以四股圆编技巧完成，皮绳端部穿上彩色珠子。一个平凡无奇的打火机，套上这个皮套后，存在感便大大增强。

纸 型

下图为原尺寸纸型,需根据使用的皮革厚度或种类调整尺寸。

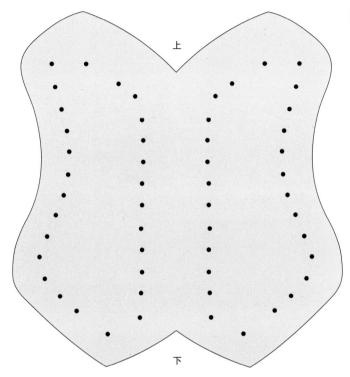

上

下

平编拼贴部分使用袋鼠皮绳(长60mm,6条)。吊绳使用牛皮绳(宽4mm,长60mm,2条)。本体使用2mm厚的GRAND ZERO特殊皮革。

平编拼贴花样

运用三股平编拼贴技巧在本体上编出拼贴花样。
孔洞位置参考纸型。你也可以尝试设计一下。

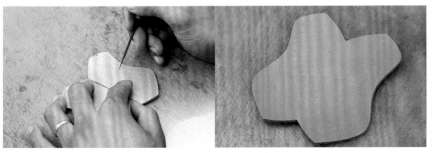

01

参考纸型,在本体的皮面层上做记号,标上打孔位置。

02

根据步骤 01 做的记号,用平斩打出编织用的孔洞。 皮料上下 2 个顶点的孔洞必须以步骤 01 的记号的中心点打孔。

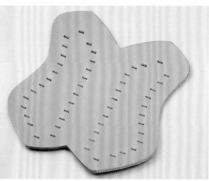

03

打左右侧的孔洞的时,将平斩外边对齐步骤 01 所做的记号,即必须将孔洞打在记号内侧。

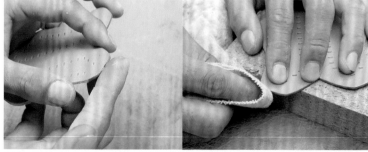

04 用削边器削去皮料的棱边。只处理打火机插入口和底部开口处即可。

05 削去棱边后,涂抹床面处理剂,用帆布进行打磨。裁切面的处理方法非常多,也可以用自己喜欢的方式打磨。

打火机套 LIGHTER CASE

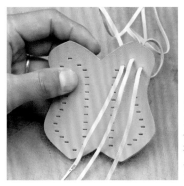

06

以三股平编拼贴技巧
依序编织出拼贴花样。
将3条皮绳分别穿过
上方孔洞,末端保留约
10cm 长。

07

将右端的皮绳穿过左
侧第4孔。

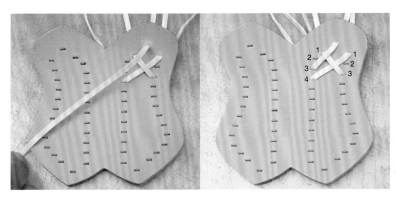

08

将左侧皮绳穿过右侧第3孔。将中间的皮
绳穿过左侧第3孔。

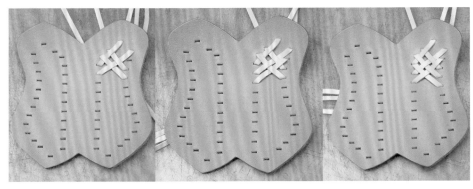

09

将中间的皮绳由肉面
层侧穿过上一孔(左
侧第2孔),穿向皮面
层侧后再穿过右侧第
4孔。以相同的方式编
上左右两侧的皮绳。

打火机套 LIGHTER CASE

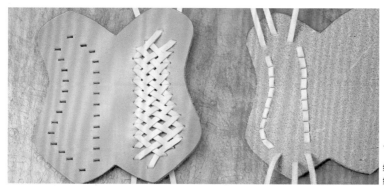

10
编至最后一个孔洞的状态。详细
编法请参考 P105~P108。

11 将皮绳修剪成适当的长度。

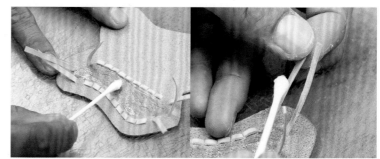

12 在本体和皮绳的肉面层上分别涂抹 DIABOND 强力胶。

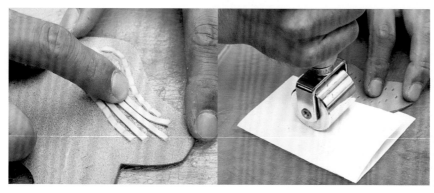

13
待强力胶半干后,将皮绳端部贴
在本体上。将本体表侧朝上,摆
放在打印纸上,盖上打印纸,用
推轮推压紧实。

打火机套 LIGHTER CASE

14
重复步骤 06~13,以平编拼贴技巧编织另一侧的拼贴花样。

缝 制

将本体对折后缝合。
此处不采用皮绳缠边的方式,而使用尼龙线,以平缝技巧进行缝合。可根据皮绳颜色变换缝线颜色。

01
在本体肉面层边缘约 5mm 宽处涂抹 DIABOND 强力胶,待强力胶半干后贴合。用夹钳等夹住以使其黏合。

02 黏合完成后,用裁皮刀修整裁切面,再用砂纸等打磨裁切面。

03 将间距规设定为 3.5mm 宽后画出缝合线。

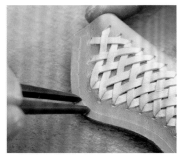

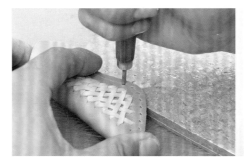

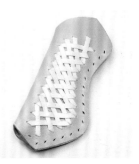

04 将间距规设定为 5.5mm 宽,在缝合线上标出缝孔的位置记号。

05 根据步骤 04 做的记号,以菱锥依序戳出缝孔。

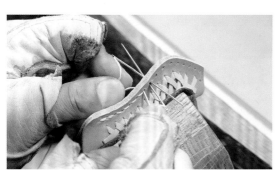

06 将手缝针穿上尼龙线,以平缝技法进行缝合。GRAND ZERO 工作室通常会对起点的前两个缝孔进行双重缝。

07 终点和起点一样,最后两个孔要进行双重缝。剪断缝线,保留 2mm 长的线头。

08 用打火机烧熔线头。用压擦器端部或打火机底部按压以固定。

09 为了避免夹伤皮面,将本体装入塑胶袋等,用夹钳等将针目夹得更紧密。

打火机套 LIGHTER CASE

10 用削边器削去缝合部位的棱边。

11 在缝合部位的裁切面上涂抹床面处理器。

12 用帆布打磨,然后用锉刀轻轻地磨整。重复步骤 11~12,反复打磨,可将裁切面处理得更漂亮。

13 根据纸型,标好安装吊绳的孔洞记号。

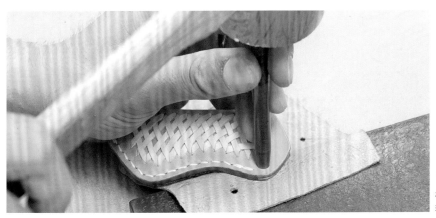

14

根据步骤 **13** 的记号,用 15号圆斩打出孔洞。

打火机套 LIGHTER CASE

制作吊绳

在打火机套上安装吊绳。用皮绳编1条四股圆编的吊绳,并在皮绳端部装上彩色珠子。
用之前介绍的四股圆编技巧编织吊绳吧。

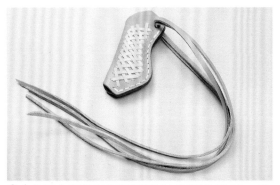

01 将2条牛皮绳穿过安装吊绳的孔洞。这里使用2条60cm长、4mm宽的牛皮绳。

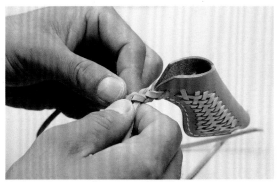

02 编织出4cm左右长的四股圆编。四股圆编编织技法参考P22~P27。

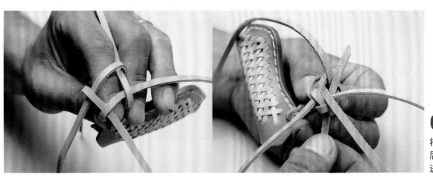

03

将4条皮绳编成上图的交叉状态后,参考P86~P87的步骤09~10进行收尾。

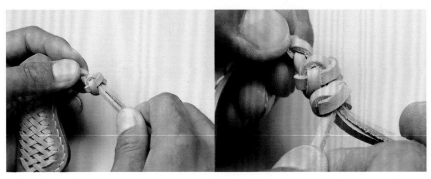

04

拉紧4条皮绳后,以自己喜欢的方法再打一次结。第2个结打不打也没关系。

打火机套 LIGHTER CASE

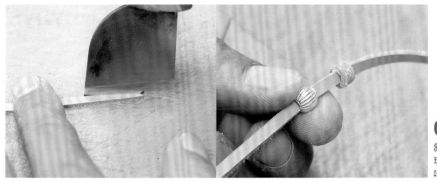

05

斜切皮绳端部,使之能顺利穿过珠子。穿入自己喜欢的彩色珠子吧!

06

穿入珠子后在适当位置打结以固定,再将皮绳裁切成适当的长度。

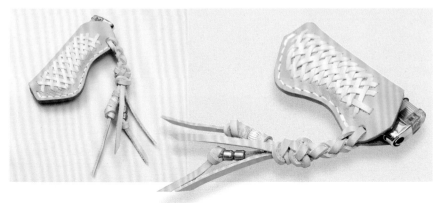

07

打火机套便制作完成了。此处使用的是原色植鞣革,如果使用其他颜色的皮革,即可制作不同氛围的作品。

打火机套 LIGHTER CASE

KEY CASE
钥匙包

本作品为可以将家门、汽车、自行车等钥匙整理在一起的钥匙包。

钥匙包的一周以三缠缝技法进行缠边。

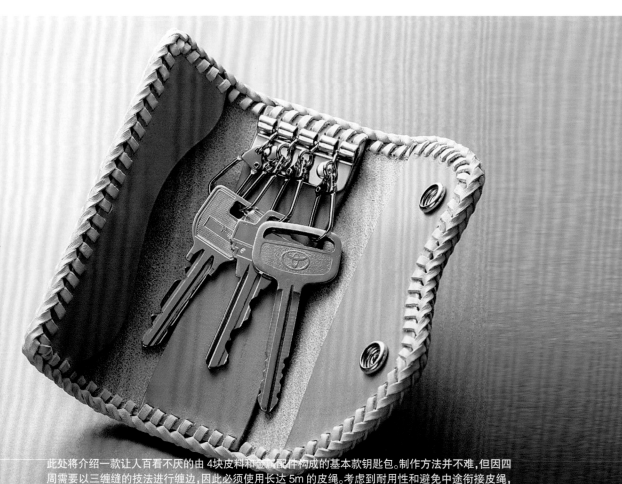

此处将介绍一款让人百看不厌的由4块皮料和金属配件构成的基本款钥匙包。制作方法并不难,但因四周需要以三缠缝的技法进行缠边,因此必须使用长达5m的皮绳。考虑到耐用性和避免中途衔接皮绳,最好使用已经裁成需要长度的皮绳。将缠边终点的皮绳端部藏入两块皮料之间,就不会显得那么醒目。

纸 型

将下图放大 200% 就相当于原尺寸纸型。制作时需要根据皮料的厚度或种类调整尺寸。
此处使用 2mm 厚的皮料。

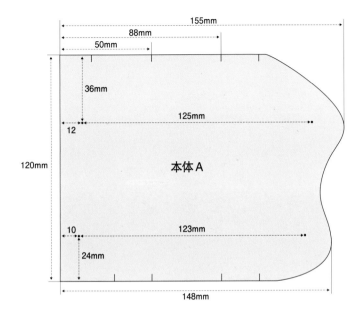

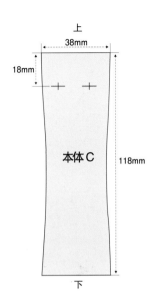

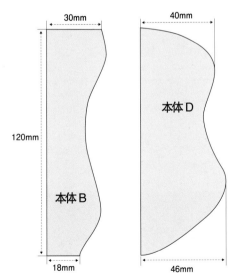

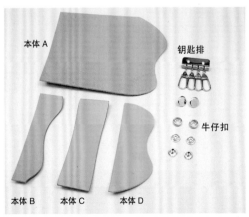

本体使用 2mm 厚的 GRAND ZERO 特殊皮革；钥匙排（4环）宽 37mm；牛仔扣直径 12mm；固定钥匙排用的双面固定扣。

钥匙包 KEY CASE

组 装

安装牛仔扣,依序贴合本体 A、本体 B、本体 D。
安装孔是缠边漂不漂亮的关键,务必留意打孔位置。

01 根据纸型,在需要安装牛仔扣的本体 A、本体 D 和需要安装钥匙排的本体 C 上做出安装记号,然后用圆斩打孔。本体 A、本体 D 以 10 号圆斩打孔,本体 C 用 10 号圆斩打孔。上图画红线的部分必须于此时削去棱边,并对裁切面进行打磨。

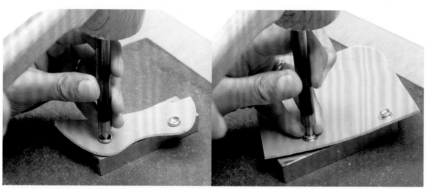

02

在本体 A 和本体 D 上分别安装牛仔扣的公扣和母扣。穿入牛仔扣,然后放在万用环状台上,用牛仔扣打具进行固定。以直立的状态一点点地敲打固定扣打具,以固定住牛仔扣。

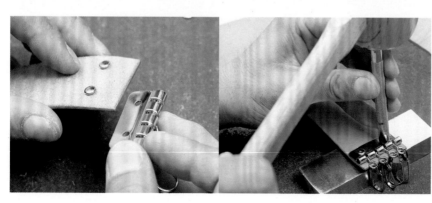

03

在本体 C 上安装钥匙排。由肉面层侧插入固定扣的底座,穿入钥匙排,盖上面盖,放在万用环状台的平面上,用固定扣打具敲打固定。

钥匙包 KEY CASE

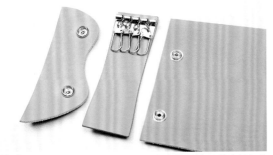

04 金属配件全部安装好的状态。小心安装,避免弄错牛仔扣的公扣和母扣。

05 将本体 D 对齐贴在本体 A 上,用圆锥沿着内侧描线,做出黏合范围的记号。

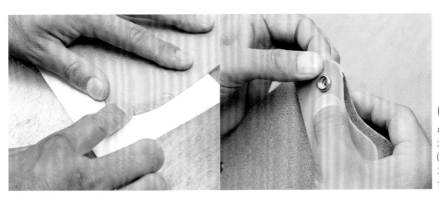

06

根据步骤 05 做的记号,分别在本体 A 和本体 D 肉面层的边缘(约 5mm 宽)涂抹强力胶。待强力胶半干后,对齐边角,进行贴合。

07 用夹钳夹住贴合部位。使用夹钳时,在钳口上缠上皮料,避免夹伤作品。

08 以步骤 05~07 的要领将本体 B 贴在本体 A 上。

钥匙包 KEY CASE

09 用裁皮刀修整步骤 07 和步骤 08 贴合部位的裁切面。

10 用裁皮刀裁切贴合后的两个直角部位,斜着裁切多次,以便处理出圆角。

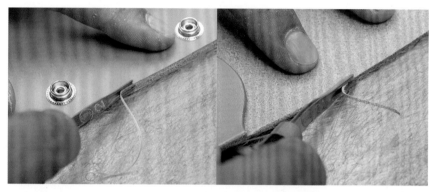

11

用削边器削除所有棱边。步骤 01 的红线部位不用再处理。

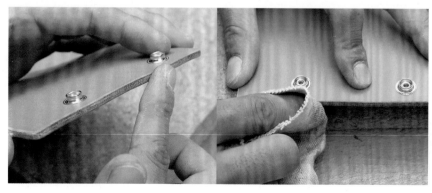

12

削除棱边后涂抹床面处理剂,打磨裁切面。GRAND ZERO 工作室通常会根据需处理部位的厚度,选用不同的打磨工具。

13

将间距规设定为 4mm 宽,在本体 A 四周画出缠边线。画好缠边线后,将间距规设定为 5.5mm 宽,做好跨越高低差部位的编织孔的位置记号。

POINT

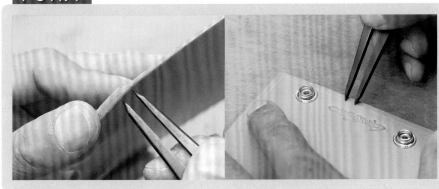

14

做编织孔位置记号时,孔洞必须跨越高低差部位。因此,先做好高低差部位的编织孔记号,再做其他部位的编织孔记号。

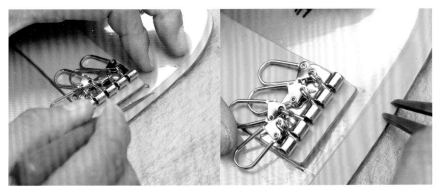

15

将本体 A 的肉面层朝上,根据纸型,做好本体 C 的安装位置记号。接着在跨越本体 C 和本体 A 的高低差部位做记号,标好编织孔位置。

16

将间距规设定为 5mm 宽，在本体 C 上侧与下侧画出缠边线。以相同宽度（5mm）做出编织孔的位置记号。

17

根据步骤 **13~15** 做的记号，依序打上编织孔。只打直线部位，转角处暂不打孔。

18 直线部位打好编织孔后再打转角的孔洞。本作品转角处将缠绕 3 次皮绳，因此转角处需要打成长形孔。根据记号打出第 1 个孔洞，靠内侧约 2mm 打出第 2 个孔洞，然后用 2mm 宽的平斩在孔洞两侧各斩打一次，长形孔便完成了。

钥匙包 KEY CASE

19 用平斩打出本体 C 的编织孔。先打好中间的孔洞，再边调整空隙，边打向两端。作品的编织孔全部打好的状态。

缠 边

用皮绳缠绕本体周边。安装钥匙排的本体 C 无须粘贴，直接和本体缠绕在一起。
运用三缠缝的技法依序完成缠边作业。

01 由直线中段部位开始缠边。将皮绳针穿好皮绳，由外侧穿过孔洞。

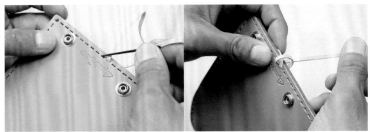

02 将皮绳末端拉向左侧，再将皮绳针穿过下一个孔洞，拉紧后和皮绳端部呈交叉状态。

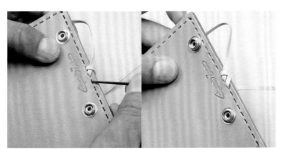

03 继续往行进方向缠绕，将皮绳针穿过下一个孔洞。

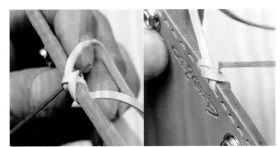

04 将皮绳针从步骤 02 和 03 交叉缠绕的皮绳下方穿过，也就是将皮绳针从缠绕在皮料边缘的 3 条皮绳下方穿过。

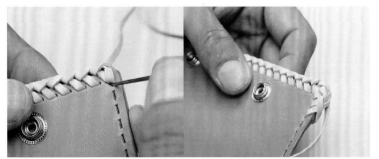

05 重复步骤 03 和 04,继续缠绕。缠边至转角后,在转角的编织孔内缠绕 3 次。之后继续以每孔缠绕 1 次的方式进行缠绕。

06 缠边一整圈后的状态。准备固定皮绳端部。

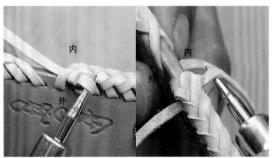

07 由外侧拉出缠边起点的皮绳端部,再由内侧拉出后就会空出 1 个编织孔。

08 重复步骤 07 的做法,由外侧和内侧依序拉出皮绳,又空出 1 个编织孔。

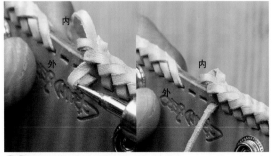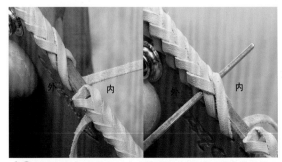

09 再次由外侧拉出皮绳后,形成 1 个松环。

10 将皮绳针穿过步骤 07 空出的孔洞,再从交叉缠绕的皮绳下方穿过,完成 1 次三缠缝。

钥匙包 KEY CASE

11 此时用手将编目调整均匀。

12 将皮绳针由上往下穿过步骤 09 形成的松环,然后由外侧穿过孔洞。

13 将皮绳针由下往上再次穿过松环后拉紧皮绳。

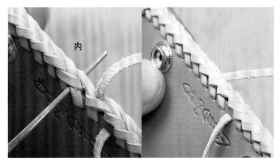

14 将皮绳针由外侧穿过交叉缠绕的 3 条皮绳下方。

15 将皮绳针由上往下穿过上图中的部位后拉紧皮绳。

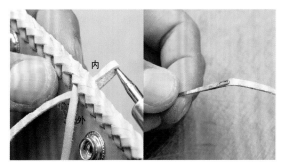

16 将穿向外侧的起点处保留的皮绳端部从内侧拉出,用皮绳针夹住皮绳端部。

钥匙包 KEY CASE

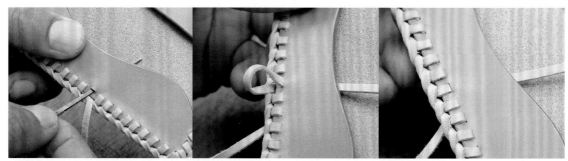

17 将步骤 16 穿上皮绳针的皮绳端部穿过本体 B 的孔洞,即穿到本体 A 和本体 B 之间。

18 用皮绳针夹住终点的皮绳端部,将皮绳针穿过本体 A 的孔洞。同步骤 17 一样,只穿到本体 A 和本体 B 之间。

POINT

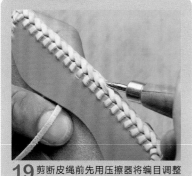

19 剪断皮绳前先用压擦器将编目调整均匀。

20 由本体 A 和本体 B 之间剪断皮绳,并进行固定。

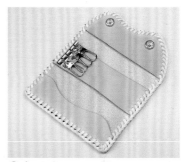

21 将皮绳固定在两块皮料之间即可巧妙隐藏皮绳端部。

钥匙包 KEY CASE

勇于挑战新事物的精神，充分表现在作品中

藤仓 邦也

手缝革细工 GRAND ZERO 工作室的负责人和创始人。他以高超的技艺和缜密的思考制作出了各种各样的作品。

担任本书监修的"手缝革细工 GRAND ZERO"的负责人藤仓先生从裁切皮料到作品完成，一直坚持以纯手工的方式完成。创作时不仅注重造型设计，还认真考虑了使用的方便性和耐用度，希望作品能长久地陪伴在使用者身边。诚如本书所介绍，藤仓先生的皮革编织技术非常高超。如今他仍不断学习，以获取更多的知识和技术。正是这种强烈的求知欲，让他不断创作出高品质的作品，获得顾客对他的信任。在栃木皮革公司协助下制作出来的 GRAND ZERO 特殊皮革也是他的作品的魅力之一。

1 店里展示着藤仓先生亲手改造的摩托车。 2 店里挂满了许多本书无法完全介绍的编绳类作品。 3 以白色和茶色为基调的店面。

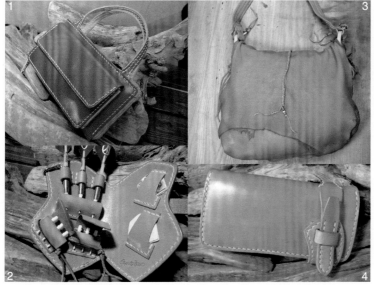

1 以硬挺的植鞣革制作的女士手提包。接受顾客各种需求的定制。

2 连飞镖袋这种构造复杂的作品都制作得让顾客非常满意。

3 擅长制作麋鹿皮作品。通过巧妙的设计，总是能把皮革原有的风格很好地呈现出来。

4 此为不使用任何金属配件，而完全用皮革制作的"零锁扣"长夹。这是充满藤仓创意的手缝革细工 GRAND ZERO 工作室的招牌商品。

SHOP INFO

手缝革细工 GRAND ZERO
日本群马县馆林市城町 7-27
电话 & 传真：0276-73-5443
营业时间：12:00~21:00
休息时间：星期三
网址：http://www.grandzero.com

佐野店
日本栃木县佐野市名越町 2058
营业时间：10:00~20:00
全年无休

135

豫著许可备字–2017–A–0147

革の編みとかがり

Copyright © STUDIO TAC CREATIVE Co., Ltd.2010

Original Japanese edition published by STUDIO TAC CREATIVE CO., LTD

Chinese translation rights arranged with STUDIO TAC CREATIVE CO., LTD

through Shinwon Agency.

Chinese translation rights © 2018by Central China Farmer's Publishing House Co.,Ltd.

摄影：坂本贵氏（Takashi Sakamoto）

图书在版编目（CIP）数据

皮革工艺. 编织&缠边 /日本STUDIO TAC CREATIVE编辑部编；赵胤，丁男译. — 郑州：中原农民出版社,2018.4

ISBN 978-7-5542-1835-8

Ⅰ.①皮… Ⅱ.①日… ②赵… ③丁… Ⅲ.①皮革制品—手工艺品—制作 Ⅳ.①TS973.5

中国版本图书馆CIP数据核字（2018）第020825号

出版： 中原出版传媒集团　中原农民出版社

地址： 郑州市经五路66号

邮编： 450002

电话： 0371–65788679

印刷： 河南安泰彩印有限公司

成品尺寸： 182mm×210mm

印张： 8.5

字数： 130千字

版次： 2018年7月第1版

印次： 2018年7月第1次印刷

定价： 68.00元